改訂
食品微生物学

共著／（執筆順）
高見 伸治
山本　勇
西瀬　弘
大塚 暢幸
長澤 治子
土居 幸雄

建帛社
KENPAKUSHA

口絵1　黄コウジカビ
　　　（*Aspergillus oryzae*）

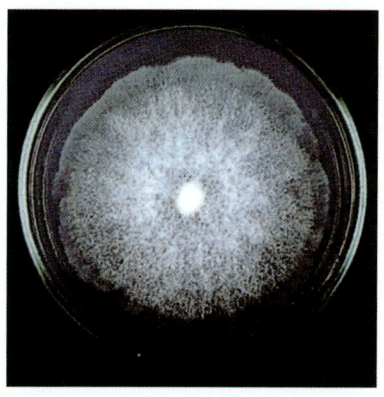

口絵2　クモノスカビ（*Rhizopus* sp.）

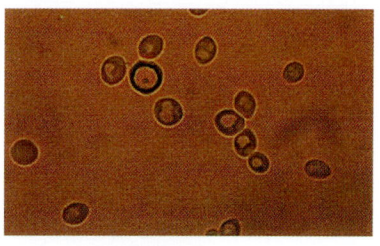

口絵3　清酒酵母
　　　（*Saccharomyces cerevisiae*）

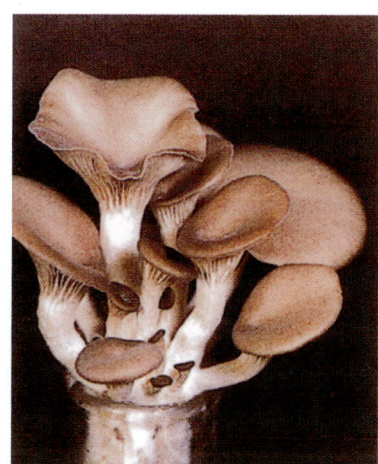

口絵4　ヒラタケ（オガクズ培養）

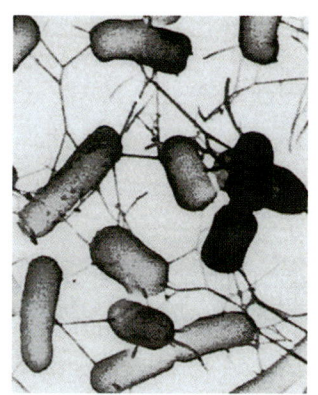

口絵5　病原性大腸菌 O157：H7
　　　（*Escherichia coli* O157：H7）

口絵1, 2, 4　写真提供：重田耕司氏
口絵5　写真提供：東京都衛生局

はじめに

　微生物は，地球上に生命が誕生した30数億年前から生存し続けていて，種の多様性と環境への適応性を獲得し，土中，水中，空中や人の消化管から皮膚にいたるまで広く分布している。私たちは，いわば微生物の海の中で暮らしているのも同然といってもよい。したがって，人と微生物との関わりは切ることのできないきわめて深い関係にある。微生物のある種は伝染病や食品の腐敗，食中毒などの原因となるが，また他の種は食品の製造や醸造，地球上の物質循環と環境浄化など人類にあたえる恵みは計り知れないものがある。今後も研究の進展によって微生物のもつ無限の可能性が明らかにされていくものと期待される。

　本書は，短期大学や大学で食品微生物学を学ぶ学生のための入門書として，実際に食品微生物学の講義を担当している者によって執筆された。基礎的な事項を重視し，内容を精選して平易に記述した。また図や表をなるべく多く用い，理解をたすけようと努めた。半学年の講義で使えるよう頁数を減らしたために割愛した部分も多々あることをお許し願いたい。

　微生物は肉眼で見えないためになじみ難い存在であるが，本書を通して，微生物に興味がわき，微生物とうまく付き合う方法を身につけることができればと望む次第である。

　執筆，校正にあたっては万全をつくしたつもりであるが，なお，不備な点や誤りがあれば，ご教示いただければ幸いである。

　終わりに，本書の出版にあたり，企画，原稿のとりまとめなど全般にわたり強力に推進して下さった建帛社の根津龍平氏に厚く御礼申し上げる。

　平成11年3月

執筆者を代表して　　高見　伸治

改訂にあたって

　本書刊行から15年以上の歳月が過ぎた。その間に時代は大きく変化を遂げている。微生物学分野の研究もおおいに進み，いくつか修正をすべき項目が出てきた。そのため，各執筆者が担当章につき見直しを行い，今般改訂版を発行する運びとなった。

　ただし，本書の初版の執筆者代表であった高見伸治先生が，平成26年7月鬼籍に入られた。高見先生の担当されていた第1章と第2章については，新執筆者として山本が見直し作業を行った。あらためて，高見先生のご冥福をお祈り申し上げるとともに，改訂版をご霊前に捧げたい。

　必要な改訂はすべて行ったつもりであるが，不備な点があるかもしれない。読者諸賢のご指摘をいただければ幸甚である。

　今まで以上に，本書が大学等の教育に役立つことを願っている。

　平成28年1月

執筆者一同

目　　次

第1章　微生物学の歴史と微生物の利用 ……1
1. 微生物学の起こり ……1
2. 微生物を材料とした生命科学の発展 ……7
   1. 微生物遺伝学と分子生物学の発展 ……7
   2. 応用微生物学の発展 ……8

第2章　微生物の種類と性質 ……12
1. 微生物とは ……12
2. 微生物の分類学上の位置 ……12
3. 真菌類 ……14
   1. カビ ……14
   2. 酵母 ……21
   3. キノコ ……25
4. 細菌類 ……26
   1. 細菌の分類 ……26
   2. 主な細菌 ……30
   3. 古細菌 ……40
5. ウイルス ……41
   1. ウイルスとは ……41
   2. バクテリオファージ ……43

第3章　微生物の生理 ……45
1. 微生物の栄養 ……45
2. 微生物の培養 ……47
   1. 微生物を取り扱う実験の特徴 ……47
   2. 培地 ……47
   3. 培養器具と培養方法 ……49
   4. 滅菌と消毒 ……50
   5. 基本的な培養操作 ……54
3. 微生物の生育 ……55
   1. 生育の測定方法 ……55
   2. 生育曲線 ……57
   3. 微生物の生育条件 ……59
4. 微生物の酵素 ……67
   1. 基質特異性 ……67
   2. 酵素活性と反応最適条件 ……68
   3. 酵素の分類 ……69
5. 微生物の物質代謝 ……70
   1. エネルギー生成反応と炭水化物の代謝 ……70
   2. タンパク質の代謝 ……78
   3. 脂肪の代謝 ……80
   4. その他の物質代謝 ……80
   5. 代謝調節と酵素 ……80

第4章　微生物の利用 ……………85
1. 食品加工への利用 …………85
   1. 調味料………………………85
   2. アルコール飲料 …………91
   3. 乳製品 ……………………103
   4. その他の加工食品…………107
2. 酵素・代謝系の利用 ………112
   1. 呈味性ヌクレオチド………112
   2. 有機酸の製造 ……………114
   3. アミノ酸の製造 …………115
   4. 酵素製剤の製造 …………117
   5. 甘味料等 …………………120

第5章　食品の腐敗と保存および食中毒 ……124
1. 腐敗による食品の変質 ……124
   1. 腐敗微生物の種類と分布 …124
   2. 食品の腐敗における化学反応 ………………125
   3. おもな食品の腐敗…………128
   4. 初期腐敗の識別 …………131
2. 食品の保存と微生物管理 …133
   1. 加熱殺菌 …………………134
   2. 冷殺菌 ……………………138
   3. 冷凍・冷蔵・氷温貯蔵 ……139
   4. 塩蔵・糖蔵 ………………140
   5. 酢　漬 ……………………140
   6. 乾燥・燻煙 ………………141
   7. 食品添加物による保存 ……141
   8. 食品製造における衛生管理 …………………143
3. 食　中　毒 …………………146
   1. 食中毒の概要 ……………146
   2. 細菌性食中毒，ウイルス性食中毒 ………148
   3. カビ毒 ……………………154

第6章　微生物のバイオテクノロジー …159
1. 遺伝子の機能と構造 ………159
   1. 遺伝子の機能 ……………159
   2. DNAとRNAの構造 ……161
   3. 遺伝子の発現 ……………165
   4. タンパク質合成 …………168
2. 遺伝子組み換え技術 ………170
   1. 細菌へのDNA導入 ………171
   2. クローニング ……………173
   3. 組み換え遺伝子の発現 ……178
3. 微生物バイオテクノロジーの応用 ………………179

さくいん……………………………181

第1章
微生物学の歴史と微生物の利用

1. 微生物学の起こり

　微生物は土壌，水，空中や私たちの皮膚などいたる所にいる。しかし，あまりにも小さくて肉眼では見えないため，私たちはほとんど気にすることなく暮らしている。また，微生物は人類が出現するよりはるか以前，地球上に生命が誕生したといわれる30数億年前から生存し続けてきたので，きわめて種類が多くその生活の仕方も多様である。

　清酒，ブドウ酒，パン，ヨーグルト，チーズ，味噌，醤油，食酢などは，すべてこれらの多様な微生物を利用して作られる飲食物である。微生物の存在すら知らなかった時代に，人類は微生物によって作られた飲食物を嗜好してきた。これらの食品の製造には，しばしば雑菌が混入して変敗を免れなかったとはいえ，経験的に伝承されてよりよいものが作られるようになり，今日の食文化を築いてきた。また，干物，塩漬，砂糖漬や燻製などを利用した食品の貯蔵も考案された。これらは単に食品を微生物による腐敗から守るだけでなく，加工の工程で生成する旨味が人びとの食生活に新たな味覚を加えてきたといえる。一方，過去には，結核，ペスト，コレラなどの病気が伝染することによって人びとは，なすすべもなく生命を奪われ悲惨をきわめていた。

　上述のような発酵食品の製造や食品の腐敗，伝染病などを起こす主役はいずれも微生物であることは，今日では明らかなことである。では，どのようにして微生物の存在がわかり，その働きを解明して人々の生活に役立ててきたので

 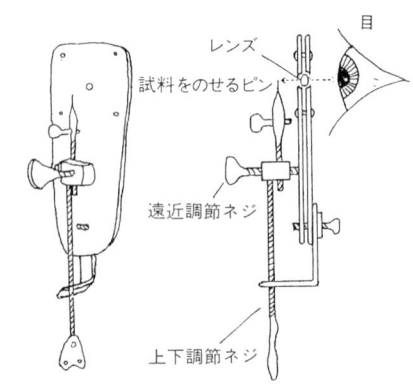

図1-1 レーウェンフック(1632〜1723)　　**図1-2 レーウェンフックが考案した顕微鏡**

あろうか。微生物学の起こりと発展の歴史を過去の偉大な人びとの業績を中心に紹介する。

　レーウェンフック（Antony van Leeuwenhoek 1632〜1723）　レーウェンフックは，オランダの裕福な醸造家に生れた。アムステルダムでラシャ店の見習いを経て郷里に店を開いた。レンズを磨いて小さな物を観ることを趣味とした彼は，1個のレンズからなる簡単な顕微鏡（図1-2）を考案して，雨量計の水，コショウの浸出液やビールの液などをのぞいて見た。そこには，うごめいたり，泳いだりしている微小な生き物が観察された。これらは当時小動物と考えられ animalcula と呼んだ。この**顕微鏡**（最高倍率270倍）は人類に初めて微生物の世界を紹介したのである。レーウェンフックは，正確な観察記録をロンドン王立協会の会誌 Proceedings of the Royal Society に発表した（1670）。その後，50年間にわたって観察記録を報告し続けたといわれているが，それらの微生物が何をしているかについてはまったく触れられていない。

　スパランツァニー（L. Spallanzani 1729〜1799）　生物は親がいなくても自然に生れるという**自然発生説**はイタリアの医師レディー（F. Redi 1626〜1697）のハエのウジの実験によって否定されたかにみえた。しかし，微生物が発見されたことによって，微生物こそは自然発生するのではないかと自然発生説の信奉者たちは勢いづいていた。イタリアの博物学者スパランツァニーは，フラスコ

1. 微生物学の起こり

に微生物の栄養であるスープを入れ，1時間煮た後，スープの中に存在すると考えられる微生物を殺してフラスコの口を溶封しておいた。スープは濁らず，微生物はいつまでも発生しなかった。一方，ガラスの口を割っておいたものには微生物が発生した。そこで，彼は微生物は外の空気中から入って増殖したもので微生物といえども自然には発生しないと主張した。ところが，酸素の発見者として有名な化学者ラヴォアジェ（A. L. Lavoisier 1743〜1794）は生物の生存には酸素が不可欠であることから，溶封したことで酸素の供給が断たれたことが原因で微生物が発生しなかったのだと反論した。

パスツール（Louis Pasteur 1822〜1895）　フランスの化学者パスツールは，空気（酸素）は入るが微生物は侵入し得ない構造のフラスコ（白鳥の首型フラスコ，図1-4）を考案した。フラスコに肉汁や酵母浸出液を入れフラスコの口を焼いて伸ばし，先端を開放して酸素が供給されるようにした。これを加熱滅菌して適温に放置したが，液はいつまでも濁らず微生物は発生しなかった。このパスツールの見事な実験によって永い間の**自然発生説の論争に終止符**が打たれた。また，彼は綿火薬をガラス管に詰め大量の空気を吸引した後，綿火薬を取り出しアルコールやエーテルで洗った液を顕微鏡で観察した。その中に微生物の存在を確認し，空中に微生物が浮遊しているとして「空気中に存在する有機体に関する記録」を発表した（1862）。

パスツールはビールやブドウ酒の発酵液の中に酵母菌がいることを発見し，

図1-3　パスツール（1822〜1895）

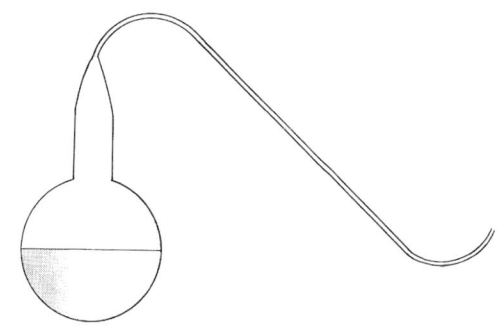

図1-4　白鳥の首型フラスコ

アルコール発酵は生きた酵母菌の働きによって起こることを提唱し，**発酵**とは酸素なしの無気的な生命過程（嫌気的エネルギー獲得形式）であるとした。また，無酸素下ではアルコールが多く生成されるのに対して，有酸素下ではほとんど生成されないことを発見した。後に，この現象を彼の名に因んでパスツール効果（Pasteur effect）と呼ぶようになった。また，パスツールは発酵にはアルコール発酵，乳酸発酵，酪酸発酵などがあり，それぞれに固有の微生物が主役を演じていることも明らかにした。

フランスでは，当時ブドウ酒がすっぱくなる酸敗現象に悩まされていた。これは酵母以外の雑菌が二次的に発酵を起こすもので，発酵終了後60℃前後で20分間加熱することによって防止できることを示した。この方法はビール，ブドウ酒の酸敗防止や牛乳の殺菌その他に広く利用され，**低温殺菌法**（Pasteurization）と呼ばれている。パスツールは，多くの輝かしい研究業績をあげ，パリー大学教授となり，後に，彼の業績をたたえて設立されたパスツール研究所の初代所長になった。

コッホ（Robert Koch 1843〜1910）　ドイツのコッホは，ゲッチンゲン大学で医学を学び開業医となった。患者の診療のかたわら医学の研究に熱心であった。28歳の誕生日に妻から顕微鏡をプレゼントされ，感染症の病原体の研究にますます拍車がかかったと伝えられている。

コッホは，牛が群れの中で次々と発病して死亡する炭疽病の研究に着手した。この病気で死んだ牛の血液を顕微鏡で観察すると桿状の微生物が存在し，病気の牛の血液を健康なハツカネズミの傷口に塗りつけるとネズミは翌日死亡した。このネズミを解剖して，脾臓や血液中に同様の桿状微生物を観察した。これをさらに健康なネズミに接種したところ発病して死亡した。コッホはこの桿状の微生物を炭疽病の病原体として**炭疽菌**（*Bacillus anthracis*）と命名した（1876）。

また，牛血清を用いてこの微生物を培養し，内生胞子を形成することを認め（図1-6），それが発芽して増殖するというこの菌の生活史を解明した。

コッホは感染症の病原菌であることの証明には，次の4つの条件が満たされることが必要であると提唱した。これをコッホの原則という。

図1-5　コッホ（1843〜1910）

組織中の染色　　　培養液中の胞子含有
栄養細胞　　　　　連鎖状細胞

図1-6　炭疽菌

1. ある病気の場合，例外なく特定の微生物が存在すること。
2. 宿主（患者）から，その微生物を分離し純粋培養ができること。
3. 純粋培養された微生物を健康な宿主に接種してその病気を発病させうること。
4. 実験的に感染させた宿主から，再びその微生物が分離できること。

　コッホはまた，ゼラチンを加えた固形平板培地を考案し，その上に少量の菌液を線引きしてコロニーを作らせるという**純粋分離法**（p.55参照）を確立した（1881）。それまでは液体培養であったため種々の形態の細菌の混合物を観察していたので，細菌はいろいろと細胞の形を変えるものだという多形説が信じられていたが，純粋培養によってはじめて細菌の種の考えが確立したといえる。

　さらにコッホは，**結核菌**（1882）やコレラ菌などの病原菌を発見し，また彼の門下生である北里柴三郎は破傷風菌（1884）を，コッホの孫弟子に当たる志賀潔は赤痢菌（1897）を次々に発見した。コッホはまた，細菌の染色法の開発や病原菌に適した培地組成を考案した。彼は後にベルリン大学の教授（1885）となり，数々の偉大な業績によって**近代医学細菌学の父**と仰がれている。

　ハンゼン（E. C. Hansen 1842〜1909）　デンマークでは，19世紀の中頃ビールの工業生産が始まったが，当時はビールの品質が不安定で失敗も多かった。そこでハンゼンは，ビールの品質を安定させるためには純粋に分離した優良な酵母を用いることが大切であると考え，希釈法により1個の酵母細胞を分離する方法を確立した。この方法により分離された優良酵母を種菌として使用する

という**純粋発酵法**に切りかえることによって従来の自然発酵法の失敗から免れることができた。これに続いて，ブドウ酒，清酒，パン，味噌，醤油などの酵母類，ヨーグルトなどの乳酸菌類，食酢の酢酸菌などが，次々に純粋分離され，菌の分類と性質が明らかにされていった。ハンゼンが**発酵工業の父**といわれるのはもっともなことである。

ブフナー兄弟（H. Büchner 1850～1902, E. Büchner 1860～1917）　兄のハンスは免疫の抗毒素を得ようと考え，弟エドアルトの確立した方法に従って培養した酵母を磨砕して搾り汁（**無細胞抽出液**：生きた酵母細胞を含まない液）を得た。この液には細菌が増殖しやすいので大量の糖を加えて浸透圧を高くし，その後の実験に備えておいた。後日，兄の研究室を訪ねたエドアルトは，液が泡立ちアルコールの匂いを発しているのを見て驚いた。彼は急いで自分の研究室に戻り，酵母抽出液を作り詳しい実験を重ねた。その結果，発酵は抽出液中の酵素によるものであるとして，これを**チマーゼ**と命名し論文として発表した（1897）。パスツールは生きた酵母の生命力が発酵を起こすと考えたまますでに世を去っていた（1895）。

　エドアルトのこの偶然の発見が端緒となって，多くの研究者をして昼夜を分かたぬ研究に駆り立てたのである。いわゆる，代謝生化学の黎明であった。1940年代の終り頃までに，このチマーゼは10数種類の酵素群からなり，グルコースからアルコールへの分解経路が明らかにされた。これと並行して，動物の筋肉の収縮に要するエネルギーがグリコーゲンを分解して乳酸に変えられる過程で得られることも分かってきた。現在では，発酵と筋肉における糖分解経路は同じで，これを**解糖系**（glycolysis, p.73参照）と呼んでいる。また，この経路の解明に中心的役割を果たした3人の研究者エムデン，マイヤーホフ，パルナス（Embden, Meyerhof and Parnas）の頭文字をとってEMP-経路（1933）とも呼ばれている。

2．微生物を材料とした生命科学の発展

　生きた細胞から切り離して解糖，発酵，呼吸などを研究する代謝生化学の発展によって，微生物も他の生物と基本的に同じ生命原理で生きているということが分かってきた。微生物は培養が簡単で大量培養が可能であること，酵素活性が高いことや増殖速度が速い（世代時間が短い）などの特徴から，生命科学の研究に好適な材料として多く用いられるようになった。

1．微生物遺伝学と分子生物学の発展

　オーストリアのメンデル（G. J. Mendel）は，エンドウを用いて植物雑種に関する実験（1865）を行い，遺伝子の存在を仮定し，その伝わり方を推理して遺伝の法則を確立した。続いてアメリカのモーガン（T. H. Morgan 1866～1945）はショウジョウバエの遺伝と染色体の研究から，遺伝子は染色体の一定の位置に線状に配列しているとして染色体地図を発表した。

　微生物を用いた遺伝学の研究は，アメリカのビードルとテータム（G.W.Beadle and E.L.Tatum）によって始められた。彼らはアカパンカビ（*Neurospora*）を用いて，紫外線やＸ線を照射して栄養要求突然変異株を得て，これと元の親株（野性株）とを交配させる実験を行った。その結果，遺伝子は一連の生合成経路の特定のひとつの酵素の生成に関与し生物の表現型を支配しているという**1 遺伝子 1 酵素説**（one gene-one enzyme theory）を提唱した（1954）。この研究はその後の細菌や酵母，ウイルスなどを材料とした微生物遺伝学の展開の端緒となった。

　一方，肺炎双球菌を用いたグリフィス（F. Griffice）の研究（1928）と，続くエイブリー（O. T. Avery）の研究（1944）から，DNA が遺伝情報を担っている遺伝子の本体であると考えられるようになってきた。アメリカの生物学者ワトソン（J. D. Watson）は，DNA の構造を解明しようと考え，イギリスの物理学者クリック（F.H.C. Crick）と協同して研究を行い，**DNA の二重らせん構造**

モデルを提案した（1953）。

　ニーレンバーグ（M. Nielenberg）はDNAの4種の塩基〔アデニン（A），グアニン（G），シトシン（C），チミン（T）〕のうちの三連塩基（triplet）の組合せが，タンパク質合成におけるアミノ酸の配列を決定する遺伝暗号であるとした。そして，この遺伝暗号は大腸菌から人間にいたるまですべての生物に共通であることが，次第に明らかにされてきた。

　フランスのヤコブとモノー（F. Jacob and J. L. Monod）は，ラクトースを炭素源として大腸菌を培養するとすぐには増殖は起こらないが，やや長い誘導期の後，増殖を開始することを見た。ラクトースが存在しないと働きが抑制されていた遺伝子が，ラクトースの添加により抑制が解けてラクトースを分解するβ-ガラクトシダーゼが誘導合成されるからである（p.81参照）。この酵素タンパク質合成の遺伝的調節機構について，**オペロン説**を提唱した（1961）。これらの研究の進展に伴い，1950年代から生命現象を分子レベルで解明していこうとする分子生物学（molecular biology）の時代へと展開していくことになる。

　1970年代に入り遺伝子操作の研究が始まり，コーエンとボイヤー（S. Cohen and H. Boyer）は異なる種の遺伝子断片をプラスミドに結合させて大腸菌細胞に送り込んで**遺伝子組換え**を起こさせ，形質転換させることに成功した（1973）。今では，動植物，微生物を問わず原理的にはそれらの間で組換えが可能であるといえる。たとえば，ヒトのタンパク質性ホルモンであるインスリンや成長ホルモンの遺伝子を大腸菌に組換えてインスリンを合成させるなどはその例である。

2．応用微生物学の発展

　微生物の種類や性質についての研究が進むにつれて，特定の菌株の性質を利用して有用物質を生産するいろいろな工業分野が発展してきた。

（1）発酵生産物

　特定の代謝産物を大量に生産する微生物を利用した発酵工業が発展した。エチルアルコール，アセトン・ブタノール，クエン酸，乳酸，グルコン酸，アミ

ノ酸発酵などがそれである。

(2) 抗生物質の発見，医薬品の開発

　ロンドンの細菌学者フレミング（A. Fleming）はブドウ球菌を寒天平板培地に培養していたところ，その中にカビが落ち込んで生育しているのを見つけた。よく観察すると，カビのコロニーの周辺部のブドウ球菌が溶けていることに気づいた（1929）。このカビを分離し，アオカビの一種 *Penicillium notatum*（旧名，現在は *P. rubens*）であると同定し，この菌の生成する溶菌物質をペニシリンと命名した。フレミングは，以前に細菌を溶かす酵素リゾチーム（lysozyme）を発見しており，この雑菌の混入を偶然の発見につなぐことができたのであった。その後，イギリスとアメリカの共同研究によって工業生産されるようになった（1943）ペニシリンはブドウ球菌に特効があり，化膿に悩まされていた外科手術を容易にし，また肺炎治療などの医療に画期的な役割を果たしてきた。

　次いで，アメリカの土壌微生物学者ワクスマン（S. Waksman 1888〜1973）は庭の土から分離した放線菌 *Streptomyces griseus* から結核菌の生育を抑えるストレプトマイシンを発見し（1943），不治の病とされてきた結核の治療が容易になった。ワクスマンはこのような物質を抗生物質と命名し，「微生物が生産し，微生物の生育を抑える物質」と定義した。その後，各種の抗生物質が放線菌から発見された。

　大村智（1935〜）は1974年，放線菌 *Streptomyces avermitilis* の培養液に寄生虫駆除に効果があるエバーメクチンを発見した。線虫にも効果があり，フィラリア線虫によって起こる象皮症，ヒゼンダニが原因の皮膚病「疥癬」，中央アフリカや中南米の風土病であるオンコセルカ症（河川盲目症）の治療薬として威力を発揮している。

　抗生物質以外の医薬品の開発にも微生物が利用されている。遠藤章（1933〜）は，ヒトのコレステロール合成が食物から摂取する量よりも多いことに着目して，カビや放線菌からコレステロール合成を阻害するスタチンの前駆物質であるコンパクチンを1973年にアオカビから発見した。現在，スタチンは動脈

硬化などの血管障害性疾患の治療薬として世界中で使用されている。

　免疫抑制剤の開発も行われている。リンパ球のT細胞の働きを阻害するFK506と呼ばれる化合物を，1984年に日本の製薬会社の発酵研究グループが放線菌 Streptomyces tsukubaensis の培養液中に発見した。FK506は，臓器移植の拒絶反応抑制や自己免疫症の抑制，および小児や成人のアトピー性皮膚炎の治療に世界中で広く使用されている。

(3) 酵素製剤

　微生物の多くは従属栄養で動植物体やそれから作られた食品を分解して栄養を吸収する。そのため，各種の強力な分解酵素を産生している。

　高峰譲吉は，アメリカに渡りコウジカビ（Aspergillus oryzae）を小麦のふすまで培養しタカジアスターゼ（アミラーゼ）を製造し，消化剤として利用した（1894）。その後，プロテアーゼ，リパーゼ，ペクチナーゼ，セルラーゼなど多くの有用な酵素が微生物を用いて工業生産されるようになった。

(4) 呈味成分

　コンブのだしの旨味成分であるグルタミン酸ナトリウムは，最初は小麦のタンパク質を加水分解することによって生産されていたが，細菌のTCA回路（p.77参照）を代謝制御してL-グルタミン酸を蓄積させることによって生産されるようになった。カツオ節や干しシイタケの旨味成分は，それぞれ5′-イノシン酸と5′-グアニル酸というヌクレオチドであることが分かった。そこで，坂口，国中は酵母（Candida utilis）のリボ核酸（RNA）をアオカビ（Penicillium citrinum）の酵素を用いて分解して製造する方法を開発した（1959）。

(5) 家畜飼料としての微生物菌体の利用

　微生物の菌体はタンパク質含有量が高く，これを飼料に混ぜて家畜を飼育する試みがなされてきた。微生物は増殖速度が高く，大量培養が可能であることなどの利点がある。このような飼料タンパク質をSCP（single cell protein）と呼び，酵母，クロレラ，スピルリナ，ユーグレナなどで試みられている。

(6) 微生物による環境浄化

　微生物は，生態系における分解者として地球上の動植物の遺体や排泄物を分

解し，物質循環の役割を担っている．近年，都市下水や工場廃水が大量に排出される時代になり，微生物の有機物の分解力を利用した活性汚泥法による水の浄化など微生物の働きに期待するところが大きい．

参 考 文 献

岸谷貞治郎：微生物発見物語，広島図書，1948

クリューウァー・ヴァン・ニール，佐藤了・円羽充訳：生物学の発展と微生物，1961

江上不二夫：生命を探る，岩波書店，1967

中村 運：基礎生物学（改訂版），培風館，1981

柳田友道：バイオの源流，学会出版センター，1987

八杉龍一：歴史をたどる生物学，東京教学社，1990

山口彦之：分子生物学とバイオテクノロジー，裳華房，1990

石本真：微生物は善玉か悪玉か，新日本出版社，1999

大森俊雄：環境微生物学―環境バイオテクノロジー―，昭晃堂，2000

第2章
微生物の種類と性質

1. 微生物とは

微生物 (microorganism) とは微小な生きものの呼び名であって，分類学上の特定の生きものを指す言葉ではない。その多くは単細胞からなり，未分化で一つひとつの個体は肉眼では見えない。光学顕微鏡 (400〜1,000倍) で観察できるくらいの大きさである (図2-1)。しかし，寒天平板培地や食品の上などに増殖すると円形の集落 (コロニー，colony) を形成するので肉眼でも十分見ることができる。したがって，微生物を純粋培養 (pure culture) するときには，空中その他からの雑菌 (目的とする菌以外の菌) の混入を防ぐための無菌操作が必要である。微生物は種類が多いうえに数も多く，土中，水中，生物の体の内外，食品などに増殖し，空中にも埃とともに浮遊していて，地球上で微生物のいない所はないといってもよい。

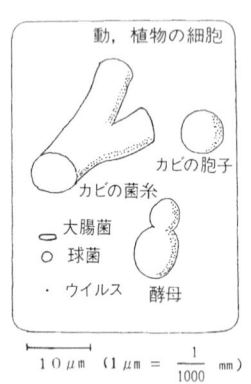

図2-1 微生物の大きさ

2. 微生物の分類学上の位置

リンネ (C.von Linne 1707〜1778) は生物を動物界と植物界の二界に大別した (1735)。これによって，菌類や細菌類などの微生物は下等植物として植物界に

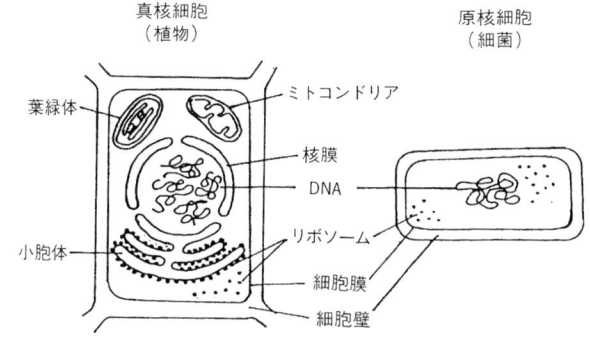

図2-2　真核細胞と原核細胞の構造

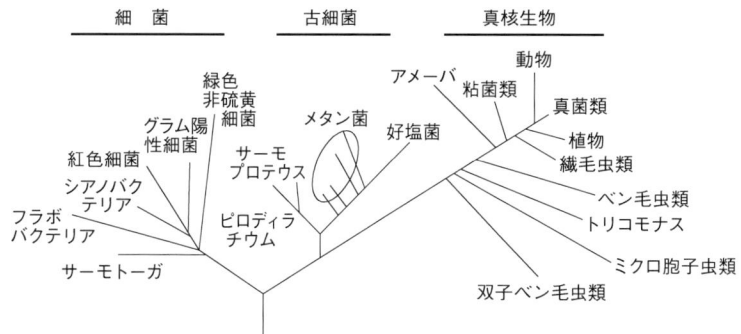

図2-3　16S rRNAの塩基配列に基づいて描かれた系統進化―3つのドメインが示された
(G.J.Olsen, C.R.Woese, 1993)

分類された。その後，**ホイタッカー**（R. H. Whittaker）は細胞構造の違い（図2-2）から生物界を真核生物と原核生物に大きく分け，さらに真核生物を動物界，植物界，菌界，原生生物界に，原核生物をモネラ界にと，五界に区分した（1969）。この中で微生物は，菌界（カビ，酵母，キノコなどの真菌類と粘菌類），原生生物界（ゾウリムシ，ユーグレナなど），モネラ界（細菌類，シアノバクテリア）にわたっている。

　しかし，分子遺伝学とコンピュータの進歩は遺伝子から生物の系統を読み出す方法を提供し，生物の分類は大きく変わった。1977年，ウーズ（C.R. Woese）とフォックス（G.E. Fox）はリボソームRNA（rRNA）の塩基配列を用

いて系統樹を作成すると，それまで原核生物として大腸菌などと同じ細菌と考えていたメタン細菌がむしろヒトなどに近い生物であり，3つ目の生物界として古細菌（Archaebacteria）と分類した。現在，これまでの真正細菌を単に細菌（Bacteria），メタン細菌や好熱菌，好塩菌などを古細菌（Archaea），核をもつ生物を真核生物（Eucarya）の3つのドメインに分類し（図2-3），さらに門（phylum），綱（class），目（order），科（family），属（genus），種（species），株（strain）と階層化して分類している。

食品に関係するものは，主として真核生物の真菌類と細菌に属している。また，ウイルスは細胞形態をもたないが，遺伝情報をもち，他の生物を宿主として増殖するので，微生物として取り扱う。

微生物の学名はリンネの二命名法による国際命名規約に従って，ラテン語で属名と種小名（種の形容語）との2語の組合せとして記すことになっている。印刷する場合は，イタリック体とする。

（例） *Escherichia coli*（大腸菌）　　*Aspergillus oryzae*（黄コウジカビ）

3．真　菌　類

真菌類は従属栄養型の微生物群で，糖質やタンパク質などの有機化合物を栄養として生育する。したがって，腐生または寄生のかたちで自然界に広く分布している。また表2-1のように真菌類にはカビ，酵母，キノコなど形態や性質の異なる微生物が含まれていて現在わかっているだけでも45,000種にものぼるといわれている。

1．カビ（糸状菌 mold）

カビは枝分れした糸状の**菌糸**(hyphae)からなり（図2-4），これが多数集まったものを菌糸体（mycelium）という。菌

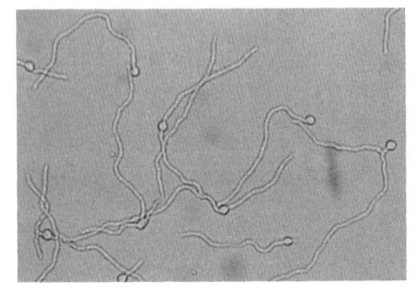

図2-4　アオカビの分生胞子の発芽と菌糸の成長
（写真提供：重田耕司氏）

3. 真菌類

表2-1 真菌類の分類

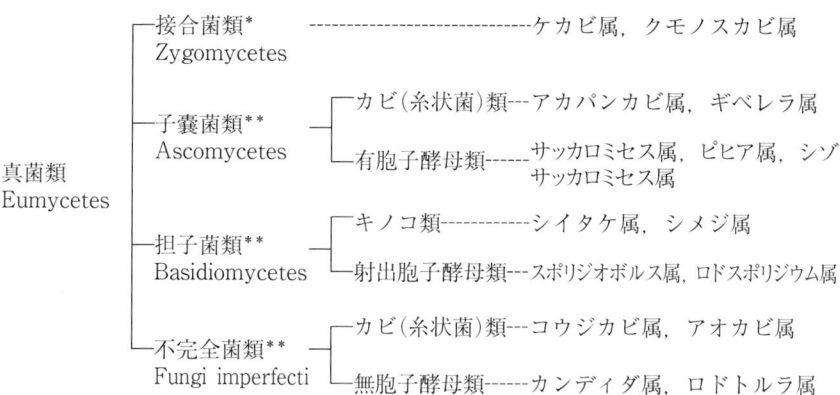

*菌糸に隔壁がない
**菌糸に隔壁がある

糸は一般に無色で，野菜や果物，食物などに生えて栄養を吸収し成長する。このような菌糸を**栄養菌糸**と呼ぶ。栄養菌糸がある程度成長すると空気中に立ち上って伸びる**気中菌糸**を生じ，その先端に有性的または無性的に胞子を形成する。カビが黄，緑，青，黒色に見えるのは胞子のもつ色素による。また，カビは種類によって菌糸に**隔壁**と呼ばれる仕切りをもつものともたないものとがあり分類の基準とされている。

(1) 接合菌類のカビ

菌糸に隔壁をもたない。野菜・果物などの比較的水分の多いものに生育する。無性的に**胞子嚢胞子**で繁殖するが，有性的には接合胞子（接合菌類）または卵胞子（卵菌類）を作るものとがある。

1) ケカビ属 (*Mucor*) 菌糸は綿毛状で，土壌中，野菜，食品などに広く分布する（図2-5）。

Mucor mucedo 自然界に広く分布する普通のケカビである。野菜や果物を腐敗させる。

M. pusillus チーズ製造の際，牛乳タンパク凝固酵素として哺乳中の子牛の第4胃からとったレンニンを用いる代わりに，このカビが生産するムコー

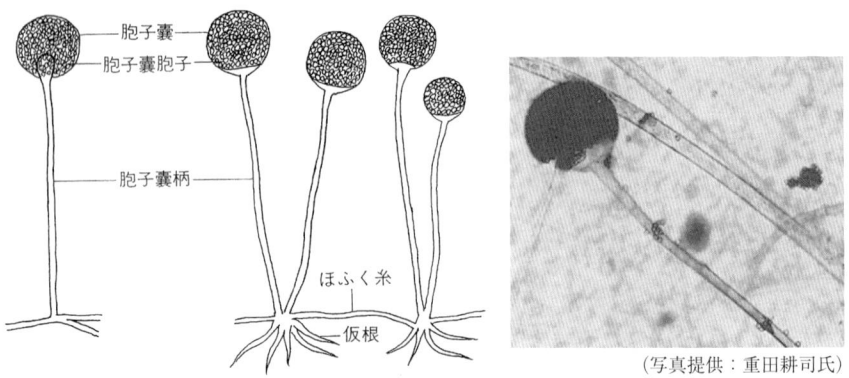

図2-5　ケカビ属　　　　図2-6　クモノスカビ属

ルレンニンが用いられている（*Rhizomucor pusillus* に再分類された）。

　M. rouxii　　インドシナの酒類製造に用いる麹から分離された。デンプン糖化力（アミラーゼ）が強く，アルコール発酵力もあるのでデンプンからアミロ法によるエタノール製造に用いられた。

　2）クモノスカビ属（*Rhizopus*）　　灰白色のクモの巣のような菌糸体からなる。菌糸には仮根（rhizoid）を生じ，そこから数本の胞子嚢柄を空中に伸ばす。野菜，果物，穀類などに生育する。アミラーゼとプロテアーゼの活性が強い（図2-6）。

　Rhizopus nigricans　　この菌の胞子は空中に多く飛散していて，野菜，果物，パンなどに生えて腐らす。フマル酸生成能が強い。

　R. javanicus　　武田義人によってジャバ酒の麹（ラギー）から分離された。デンプン糖化力が強く，甘藷からエタノールを製造するアミロ法に用いられている。

　R. oligosporus　　インドネシアの大豆発酵食品テンペの製造過程で働く。

（2）子嚢菌類のカビ

　菌糸に隔壁がある。空気中に立ち上った菌糸の先端に無性的に**分生胞子**（conidia）を多数形成して，これを空気中に飛散して繁殖する。この時代を無性時代と呼ぶ。また，有性的には単核の菌糸が接合し子嚢の中に減数分裂の結

果生じる4～8個の**子嚢胞子**（ascospore）を作る（図2-7）。この時代を有性時代といい，子嚢菌の生活環を特徴づけている。

1）アカパンカビ属（*Neurospora*）　　パン，穀類，トウモロコシの芯などに生え分生胞子はβ-カロテンを含み橙色である。多くは雌雄異株で4～8個の子嚢胞子を作る（図2-7）。

Neurospora crassa　　有性生殖をし，子嚢の中に8個の胞子を形成する。4分子分析が容易なことから遺伝学の研究材料として用いられてきた。

N. sitophila　　分生胞子は多量のβ-カロテンを含むので，ビタミンAの製造に用いられる。

2）ギベレラ属（*Gibberella*）

Gibberella fujikuroi（イネ馬鹿苗病菌）　　イネの苗が徒長する馬鹿苗病の原因菌として分離された。この菌から徒長を起こす物質として，ジベレリン（gibberellin）が発見された（薮田貞治郎，住木諭介　1938）。ジベレリンは植物ホルモンの一種で，植物の成長調節作用をもつほかブドウの単為結果を誘起することから種子なしブドウの生産に利用されている。

3）ベニコウジカビ属（*Monascus*）　　菌糸内に鮮紅色の美しい色素を作るので，紅コウジカビと呼ぶ。

Monascus purpureus　　中国，マレー諸島の鮮紅色の紅酒や紅色色素の生産に用いられる。

M. anka　　紅麹，紅酒，紅乳腐の製造に用いられる。

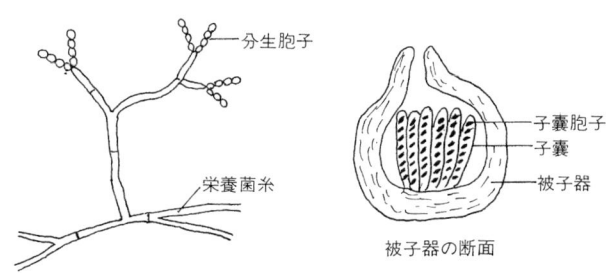

図2-7　アカパンカビ属

4）クラビセプス属（*Claviceps*）

Claviceps purpurea（麦角菌）　ライ麦，小麦などの穂に寄生し，菌糸体の集合した硬い菌核（麦角）を形成する。その中には生理作用のあるアルカロイドが含まれ，中毒症状を起こす。また，アルカロイドは医薬用として利用される。

（3）不完全菌類のカビ

生活環に有性生殖の見つからない真菌類を不完全菌として取り扱っている。この中には有性時代をもたないか，または判明しないものが含まれ，菌類の中で最も多くの種を含む群で，1,800属，15,000種といわれている。不完全菌は，研究が進むにつれて有性生殖が見つかれば，しかるべき分類群に移される。

1）コウジカビ属（*Aspergillus*）　空中に伸びた分生子柄の先端がふくらみ，その上に放射状に梗子をつけ，その先端に多数の分生胞子を連鎖状に着生する。分生胞子の色は白，黄，緑，黒など種によって異なるが古くなると暗色に変わる。清酒，味噌，醤油，みりんなど，わが国固有の醸造食品の製造に用いられるカビが含まれている（図2-8）。

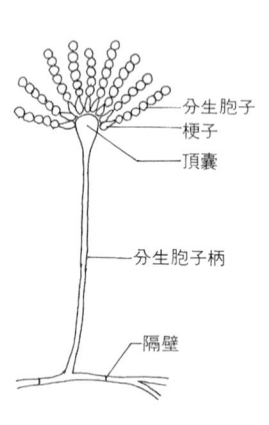

（写真提供：鶴田　理氏）

図2-8　コウジカビ属

Aspergillus oryzae（黄コウジカビ）　米，麦，大豆を蒸したものにこの菌を生やして麹を作り，清酒，味噌，醤油，みりんなどの製造に用いる重要な菌である。デンプン糖化力やタンパク質分解力が強い。黄色の分生胞子を着生することからこの日本名がある。

A. sojae　タンパク質分解力（プロテアーゼ）が特に強く，醤油麹菌として醤油の製造に用いる。

A. niger（黒コウジカビ）　分生胞子は黒色である。琉球地方の焼酎の製造やクエン酸，グルコン酸の製造に用いられる。アミラーゼ，ペクチナーゼ，セルラーゼを生成するのでそれらの酵素の生産菌としても用いられている。

A. glaucus　分生胞子は青緑色である。耐乾性が強く水分含量の低い食品や衣類，皮革（カバン，靴）などにも繁殖して害を与える。また，高濃度の食塩や糖を含む食品にも生育する。カツオ節の製造工程でカビ付けに用いる。有性時代があり，*Eurotium herbariorum* と命名されている。

A. glaucus var. *tonophilus*　きわめて耐乾性の強いカビで，カメラ，顕微鏡などのレンズに生えて損傷を与える。レンズカビと呼ばれている。

A. itaconicus（ウメズカビ）　梅酢の表面に生えて害を与える。高濃度の食塩や糖の存在する高浸透圧下でよく成育する。イタコン酸を多量に生成する。

A. fumigatus　ヒトの肺や外耳などに寄生するアスペルギルス症の原因菌。土壌中や穀類などに広く分布している。

A. flavus　アフラトキシン（aflatoxin）という発がん性や肝臓障害を起こす毒素を生成する。1960年，イギリスで七面鳥の飼料としてピーナッツ粕を南米から輸入して与えたところ，多くの七面鳥が死亡した。原因はピーナッツ粕に繁殖したこのカビであった。

2）アオカビ属（*Penicillium*）　この属はコウジカビ属とよく似ているが分生胞子の着生形態が異なる。アオカビ属では分生子柄が枝分かれして箒状体（penicillus）を形成する。分生胞子は青色または青緑色である。果物（特にミカン類），餅，パンなどの食品に生えて腐敗させる菌が多い（図2-9）。

Penicillium glaucum　一般的に食品に生える有害なカビである。イタリ

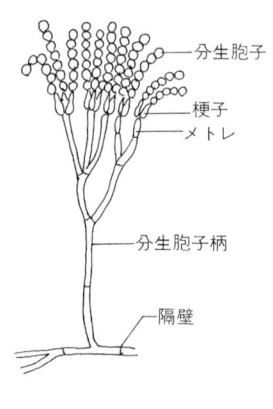
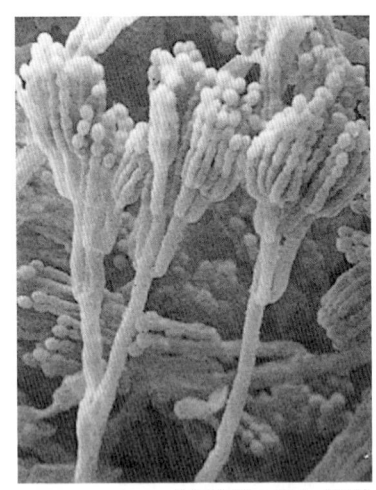

(写真提供：鶴田　理氏)

図2-9　アオカビ属

アのゴルゴンゾーラチーズの熟成に用いられる。

　P. rubens　　フレミングによって発見されたペニシリンの生産菌である（旧名：*P. notatum*）。

　P. chrysogenum　　アメリカのペオリアの主婦がカビの生えたメロンを研究所に持参し，分離されたアオカビである。ペニシリン生産能が高いのでこの菌がペニシリン製造に用いられてきた。

　P. camemberti　　フランスのカマンベールチーズの表面にこの菌をカビ付けし，カゼインを分解し風味をつける。

　P. roqueforti　　フランスのロックフォールチーズ（羊乳で作る）の内部にこのカビをつけて熟成させる。カビの成育により青色になるのでブルーチーズと呼ばれ，カゼインが分解され風味を与える。

　P. citrinum　　1951年にタイから輸入したカビが生えて黄色くなった米（黄変米）から分離された。腎臓障害を起こす毒素（シトリニン）を産生する。このカビのRNA分解酵素を用いてRNAから呈味性ヌクレオチドを製造する。

　P. islandicum　　1948年エジプトから輸入された黄変米の原因菌で，肝臓

がん，肝硬変を起こす毒素（ルテオスカイリン）を産生する。

3）ボトリティス属（*Botrytis*）

Botrytis cinerea 完熟したブドウ果皮に生育し，果皮のロウを溶かすため，果実は水分が蒸発し糖分が濃縮されてしぼむ。これを貴腐と呼ぶ。カビにより生成されたグリセリンやグルコン酸を含むため，貴腐を用いて作るブドウ酒は香りがよく，貴腐ワインとして有名である。

4）フザリウム属（*Fusarium*）
コロニーは赤色である。穀類に繁殖するため飼料による中毒を起こす。子嚢胞子を形成する種があり，それらは *Gibberella* 属などに分類される。

Fusarium oxysporum 土壌中でトマト，サツマイモ，メロンなどの根腐れ病を起こす。コンタクトレンズ使用者の眼の炎症から分離されることもある。

5）チチカビ属（*Geotrichum*）

Geotrichum candidum（チチカビ） 牛乳，乳製品などを汚染する有害菌である。

6）ツチアオカビ属（*Trichoderma*）
土壌や木材に生え，キノコ栽培の有害菌である。この菌からセルラーゼを生産する。

7）クラドスポリウム属（*Cladosporium*）
壁などに生えて黒斑を生じる有害菌である。

2．酵　　母（yeast）

酵母は単細胞性の生物で，細胞の形は球形，卵形など酵母の種類によって異なる（図2-10）。大きさは $6 \times 10 \mu m$ であり，細菌に較べるとはるかに大きい（図2-1参照）。多くの酵母は**出芽**（budding）によって増殖する（図2-11）。出芽によって形成された娘細胞は母細胞から離れるが，種または培養法などによって互いに連結して塊状になることがある。また，酵母の中には細菌のように二分裂によって増殖するものもある（*Schizosaccharomyces* 属）。酵母とは正確な分類群の呼び名ではなく，次の3つのグループの総称である。

子嚢胞子を形成する酵母は**有胞子酵母**と呼ばれ子嚢菌に分類し，担子胞子を

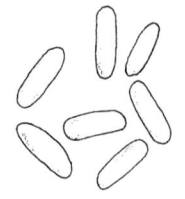

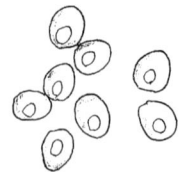

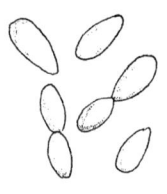

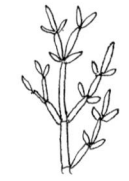

Schizosaccharomyces
Saccharomyces cerevisiae
Candida utilis
偽菌糸（*C. utilis*）

図2-10　酵母細胞の形

核
娘細胞
誕生痕
出芽痕
母細胞

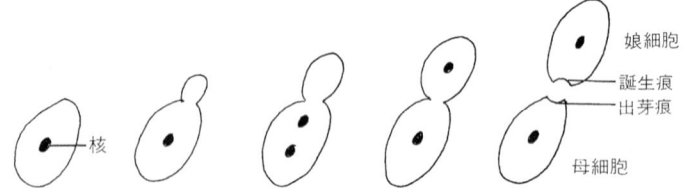

図2-11　酵母の出芽

作りそれを射出するものは**射出胞子酵母**と呼ばれ担子菌に分類する。また，有性生殖の知られていないものは**無胞子酵母**と呼ばれ不完全菌に分類されている（表2-1参照）。

生物分類法とは別に，醸造関係の用語として下記のようなものがある。

野生酵母（wild yeast）	果実，花の蜜，樹液などに生育して自然界にいる酵母。
培養酵母（culture yeast）	醸造などに利用する目的で馴養されてきた酵母。
上面酵母（top yeast）	ビール醸造酵母のうち，発酵中に上面に浮くタイプの酵母。
下面酵母（bottom yeast）	ビール醸造酵母のうち，発酵中に下面に沈むタイプの酵母。
産膜酵母（film yeast）	液面に被膜を形成して増殖する酵母。

（1）有胞子酵母

1）シゾサッカロミセス属（*Schizosaccharomyces*）　分裂によって増殖する酵母で，熱帯地方に多く分布し果実や花の蜜などに生育する。

Schizosaccharomyces pombe アフリカのポンベ酒から分離され，アルコール発酵力が強い。

2）サッカロミセス属（*Saccharomyces*） この属にはアルコール発酵力の強い有用酵母が多く含まれている。

アルコール発酵：アルコール発酵は主としてサッカロミセス属酵母の働きによって無酸素下で行われるエネルギーの獲得様式である。糖を分解してエチルアルコールと二酸化炭素を生成する。アルコール発酵の化学反応式は次の通りである。

$$\underset{\text{グルコース}}{C_6H_{12}O_6} \rightarrow \underset{\text{エチルアルコール}}{2C_2H_5OH} + \underset{\text{二酸化炭素}}{2CO_2}$$

グルコースの他にフルクトース，ガラクトース，マンノースもよく利用される。二糖類のスクロース，マルトースは単糖に加水分解されて発酵される。

Saccharomyces cerevisiae イギリスのビール工場で分離された上面発酵ビール酵母であるが，この他に清酒酵母，アルコール酵母，パン酵母などが本種に含まれる。グルコース，フルクトース，スクロース，マルトースなどを発酵し，ラクトースは発酵しない。清酒酵母は *S. sake* Yabe とされていたが本種に入れられた。

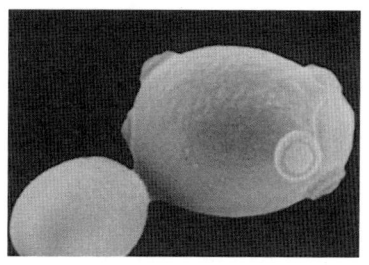

図2-12　**清酒酵母**（数個の出芽痕が見える）

S. bayanus（*S. ellipsoideus*） ブドウの果皮についているブドウ酒酵母である。*S. cerevisiae* の変種（variety）とされている。

S. pastorianus（*S. carlsbergensis*） ドイツ，日本，アメリカなどのビール酵母で下面発酵酵母である。

S. fragilis 馬乳酒（ケフィア）から分離された酵母で，ラクトースを発酵する。

S. lactis 牛乳，チーズから分離された。ラクトースを発酵する。

3）チゴサッカロミセス属（*Zygosaccharomyces*） 栄養細胞は半数性で，細胞の接合によって子嚢胞子を形成する。

Zygosaccharomyces rouxii　食塩耐性で，醤油のもろみ中に増殖し旨味と香りを作り出し，その熟成に重要な働きをする。アルコール発酵力は弱い。

　4）ピヒア属（*Pichia*）　ビール，ブドウ酒などの液面に白色の被膜を作って増殖する産膜酵母で，アルコールを分解する有害菌である。

Pichia pastoris　メタノールを炭素源・エネルギー源として増殖できる。遺伝子組換えによってヒトなどのタンパク質を効果的に生産するために利用されている。

P. anomala　アルコール発酵力はきわめて弱く，酢酸エチルなどのエステルを生成する（旧名：*Hansenula anomala*）。

　5）デバリオミセス属（*Debaryomyces*）　産膜酵母で耐塩性があり，たくあんなどの漬物の液面に皮膜を作って増殖する。アルコール発酵力は微弱である。

(2) 無胞子酵母

　1）カンディダ属（*Candida*）　細胞は小型で出芽により増殖するが，偽菌糸（細胞が連なって菌糸状になる）を生じることがある。産膜酵母の一種。

Candida versatilis　醤油の熟成に関与する。

C. utilis　木材中のキシロースを炭素源として利用できる酵母で，パルプ廃液や木材糖化液で培養し飼料酵母として用いることが試みられたが，培養液中に発がん性物質が存在することが分かり中止されている。また，菌体からRNAを抽出して呈味性ヌクレオチドの5′-イノシン酸を作る。

C. lipolytica, C. tropicalis　この2種は炭化水素を資化するので，石油を炭素源として培養し飼料用の単細胞タンパク質（SCP：single cell protein）として用いることが試みられたが，発がん性物質の存在が疑われ中止されている。

C. albicans　ヒトの皮膚や粘膜に増殖するカンディダ症の原因菌として知られている。

　2）ロドトルラ属（*Rhodotorula*）

Rhodotorula glutinis　カロテノイド色素を生成するので紅色に見える。キャベツの漬物ザウエルクラウトなどに生育して赤変させる有害菌である。

3. キノコ (mushroom)

　キノコは担子菌類に属し肉眼的な**子実体**（キノコ）を形成するものの総称である。キノコの本体は枝分れした菌糸が多数集った菌糸体である。菌糸は栄養を吸収して増殖するが，適当な条件下で子実体（キノコ）を発生し，傘にあるヒダ（菌褶_{きんしゅう}）に性の異なる**担子胞子**を着生する（図2-13）。成熟した胞子は発芽して一核菌糸を生じ，異なる性の間で融合して**二核菌糸**を形成する。その後，菌糸体となり子実体を発生する（図2-14）。自然条件下でのシイタケの子実体の発生は春秋の二季に見られる。近年，人工栽培が盛んになり食用キノコの需要が伸び，周年栽培が行われている。キノコ類は担子器や担子胞子のでき方によって表2-2のように分類される。

表2-2　担子菌類の分類

```
                  ┌帽菌類──マツタケ, シイタケ, シメジ, エノキタケ, マッシュルーム,
                  │          ナメタケ, ヒラタケ, テングタケ, コウタケ, サルノコシカケ,
         ┌真正担子菌類┤          マンネンタケ
         │        └腹菌類──ショウロ, ホコリタケ, トリュフ, スッポンタケ
担子菌類─┼異担子菌類─────────キクラゲ, シロキクラゲ
         │        ┌銹菌類──サビ病菌
         └原生担子菌類┤
                  └黒穂菌類──クロホ病菌
```

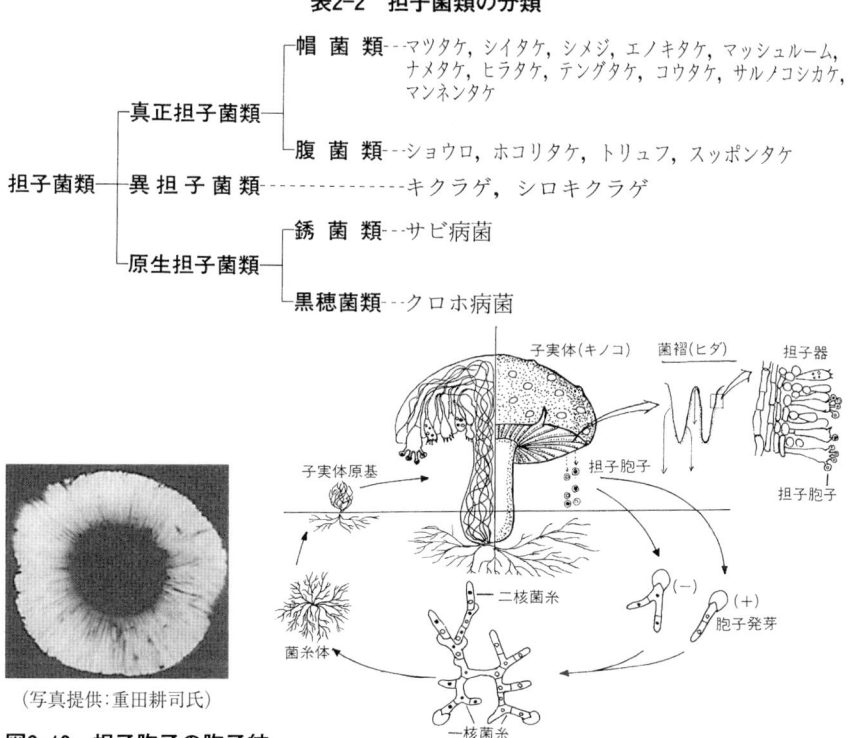

（写真提供：重田耕司氏）

図2-13　担子胞子の胞子紋
（シイタケの菌褶から落下したもの）

図2-14　キノコの生活環

また，栄養のとり方によって下記のように3群に分けられる．

木材腐朽菌	枯木に生え，木材を分解して栄養とする．枯木は分解されて土に返る．森林の分解者として物質循環に役立っている．	シイタケ，エノキタケ，ヒラタケ，ナメコ，マイタケなど
腐 生 菌	落葉や枯草を分解して栄養とする．地表や芝生などに生育する．	マッシュルームなど
菌 根 菌	生きている樹木の根の先端に菌糸が絡みあって菌根を形成し，互いの間で養分を与え合って共生している．	マツタケ，シメジなど

　この中で，木材腐朽菌と腐生菌は死物寄生するので原木またはおがくずで栽培が可能である．しかし，菌根菌は生きた樹木の根と共生しているため今のところ人工栽培は不可能であるが，菌の増殖に必要な栄養物質が同定されたなら可能になるであろう．

4．細　菌　類

　細菌（bacteria）は原核生物に属し，酵母よりさらに小さい単細胞性の生物である（図2-1参照）．多くはペプチドグリカンからなる細胞壁をもつ．細胞の大きさは，たとえば大腸菌では幅0.5μm×長さ2.0μmぐらいである．大部分の細菌は**二分裂**によって増殖する（図2-15）．細菌は地球上に3万種もいると推測されているが，既知の種はわずかに3,000種で，残りの90％は今後発見されていくであろう．

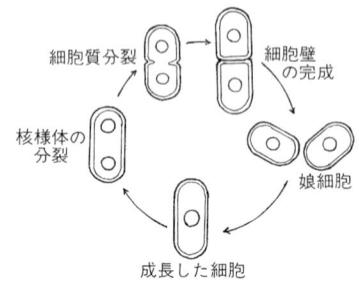

図2-15　細菌の二分裂

1．細菌の分類

　アメリカ細菌学会において，**バージェイ**（D. H. Bergey）が中心となって，委員会の報告に基づいて細菌の分類体系をまとめ初版を発表した（1923）．彼

の没後，委員会は学会から独立して，ほぼ6年おきに改訂を重ねてきたが，1977年にWoeseとFoxが分子生物学的な方法による生物の系統樹を発表して以来（p.13参照），細菌の分類も生物の進化の過程を反映したものになり，現在「Bergey's Manual of Systematic Bacteriology 2nd Edition」の1巻（2001年）から5巻（2012年）までが出版されている。

微生物を分離した場合，その菌株の16SリボソームRNA(rRNA)，18S rRNAの塩基配列や性状を調べ，分類体系に従って既知種と比較して，該当する種を決定したり，該当するものがなければ未知種であることを明らかにすることを**同定**という。

上記のバージェイの便覧は，細菌分類の主導的な役割を果たしている。

◎細菌分類の基準となる主な項目
（1）rRNA，DNAの塩基配列の分子進化による系統分類

分子生物学の発展にともない，生物の系統進化は分子レベルで論ぜられるようになってきた。それは，多くの生物に共通する16S rRNAや18S rRNAを比較，解析し，分枝の順序を推定する方法である。これによって，生物界は，原核生物である**細菌**，**古細菌**および真核生物の3つのグループに大きく分けられた。古細菌は，高温，高塩，高酸などの極限環境に生息する一群の細菌で，最古の細菌と見なされてきたが，かなり真核生物に近いことが明らかにされた。

（2）細胞の形態

細菌は，細胞の形から**球菌**（coccus），**桿菌**（bacillus），**らせん菌**（spirillum）の3つに大別される（図2-16）。

球菌には，さらに細胞の連結状態から単球菌，双球菌，四連球菌，八連球菌，連鎖球菌，ブドウ球菌などがある。桿菌は，長さが幅の2倍以上あるものを長桿菌，それ以下のものを短桿菌という。また，連鎖状になる桿菌もある。らせん菌は，湾曲した桿状のビブリオと短いらせん菌のスピリルム，大形のらせん菌のスピロヘータがある。

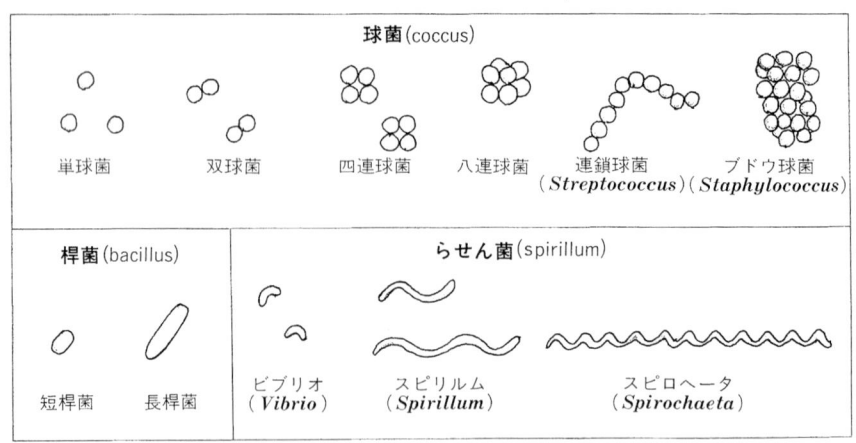

図2-16　細菌の形態

(3) 運 動 性

細胞の外にらせん状の鞭毛（flagella）をもち，この回転によって液中を運動する桿菌やらせん菌がある。鞭毛の着生状態によって下記のように分けられる。

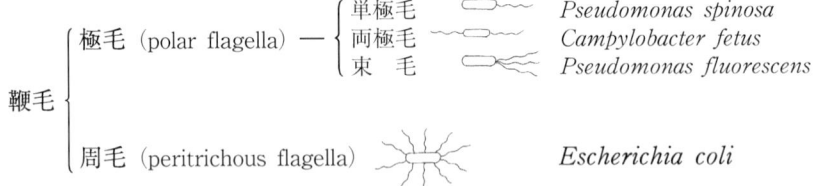

(4) グラム染色（Gram's stain）

デンマークのグラム（C. Gram 1884）の考案した細菌の染色法で，まず塩基性色素（クリスタルバイオレットなど）で細菌を染色した後，エチルアルコールまたはアセトンで軽く脱色する。その結果，脱色されない菌を**グラム陽性菌**（Gram-positive），脱色される菌を**グラム陰性菌**（Gram-negative）という。この違いは細胞壁構造の差異によるものと考えられている（図2-17）。この染色法によって細菌を2群に大別できるので，その後の分類検索に便利である。また，グラム染色の陽性，陰性は抗生物質に対する感受性とも対応することが多い。

　（例）グラム陽性：枯草菌　　グラム陰性：大腸菌

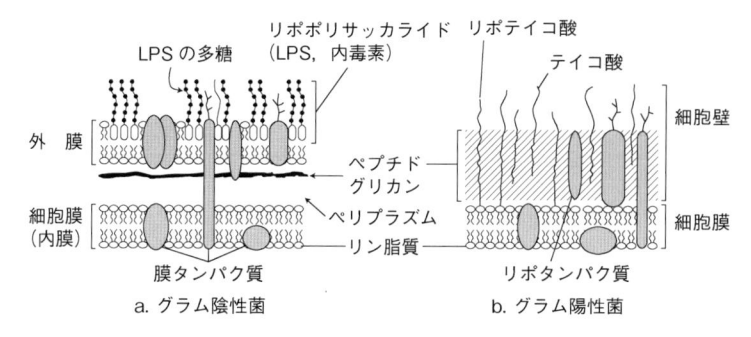

図2-17　細菌表層構造の比較
(林英生・松井徳光編著:『Nブックス新版微物学』p.14, 2010　建帛社, 一部改変)

(5) 内生胞子 (endospore)

　Bacillus 属と *Clostridium* 属は内生胞子を形成する。生育に好適な条件下では栄養細胞として分裂増殖するが，栄養や水分などの枯渇によって生育条件が悪くなると，細胞の中に1個の胞子を形成する。胞子は休眠状態にあり，熱，乾燥，放射線などに強く，長く生存でき好適な環境に出合うと発芽して増殖する（図2-18）。

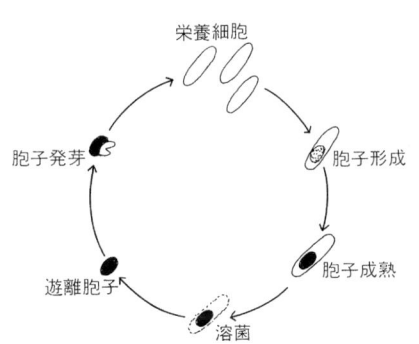

図2-18　内生胞子形成細菌の生活環

(6) 生育に対する酸素 (O_2) の要求性

　細菌は生育に遊離酸素 (O_2) を必要とするか否かによって，下記の3群に分けられる。

① **好気性菌**（aerobe）……生育に酸素を必要とする。呼吸によってエネルギーを獲得する。

② **通性嫌気性菌**（facultative anaerobe）……酸素の有無にかかわらず生育する。酸素の存在下では呼吸により，無酸素下では発酵によってエネルギーを獲得する。

③ **嫌気性菌**（anaerobe）……生育に酸素を必要としない。酸素があると生育できない。要求する嫌気性の程度は菌種によって異なる。発酵によってエネルギーを獲得する。

大気の酸素分圧より低い方が生育のよい菌種を微好気性菌として取り扱うことがある。

（7）生育のためのエネルギー源と炭素源

細菌は生育に必要とするエネルギー源と炭素源の種類によって次の4群に分類される。①光合成独立栄養細菌，②光合成従属栄養細菌，③化学合成独立栄養細菌，④化学合成従属栄養細菌。細菌の多くは有機物に依存する④に属する。

（8）そ の 他

その他，**生理生化学的性質**，**細胞壁組成**も分類の基準となる。

2．主 な 細 菌

「Bergey's Manual of Systematic Bacteriology」第2版に示された分類体系の中から，特に食品や健康との関係がよく知られている細菌について紹介する。

（1）ファーミキューテス（*Firmicutes*）門

グラム陽性細菌のうち，DNA中のグアニン（G）＋シトシン（C）含有量が低い球菌と桿菌で構成されている。代表的な細菌とその性質を示す。

1）*Bacillus*属　　周毛をもつ好気性または通性嫌気性の桿菌で中央部に内生胞子（endospore）を形成する。

***Bacillus subtilis*（枯草菌）**　　土壌，枯草，空中などに広く分布する。米，麦などの穀物に胞子として付着していて，炊飯の熱にも抵抗力があり生き残り，適温のもとでは発芽増殖して腐敗を起こす。アミラーゼやプロテアーゼなどの

酵素を産生する。

B. natto（納豆菌）　分類学上は枯草菌と同種とみなされている。プロテアーゼが強く大豆タンパク質を分解するため納豆の製造に用いられる。

B. cereus　土壌，水などに広く分布し，米その他の穀物加工食品を通して食中毒の原因菌となることがある。

B. anthracis（炭疽菌）　ウシ，ヒツジなどの草食動物の臓器に充血を起こさせ敗血症で死亡させる伝染病の病原体で，コッホにより発見された。

　2）***Lactobacillus*** 属　糖を発酵して多量の乳酸を生成する乳酸桿菌で，嫌気性または微好気性である（次頁「乳酸菌」参照）。

Lactobacillus lactis　牛乳や乳製品に広く分布している。

L. delbrueckii subsp. ***bulgaricus***（ブルガルア菌）　ヨーグルトから分離された。ヨーグルト，チーズや乳酸の製造に用いる。

L. acidophilus（アシドフィルス菌）　乳児の排泄物から分離された。また，健康な女性の膣常在菌で，膣の上皮細胞から分泌されるグリコーゲンから乳酸を生成するので膣内への他の細菌の増殖や定着を防ぐ自浄作用がある。乳酸菌飲料の製造や整腸剤として利用される。

L. casei　乳酸菌飲料の製造のスターターとして用いられる。

　3）***Staphylococcus*** 属　ブドウの房状に集まって増殖することが多いのでこの名がある（staphylo ブドウの，coccus 球菌）。

Staphylococcus aureus（黄色ブドウ球菌）　黄色の膿を生じる化膿菌で皮膚，粘膜，傷口や空中，水中などにも広く分布する通性嫌気性菌である。毒素型食中毒を起こす。抗生物質メチシリンに耐性を獲得して他の多くの抗生物質にも耐性となる菌株（Methicillin-resistant *Staphylococcus aureus*：MRSA）が生じることが知られている。

S. epidermidis（皮膚ブドウ球菌）　ヒトの皮膚に常在するブドウ球菌の一種で，毒素を生産せず，通常は無害であるが，静脈カテーテルや人工関節などを長期間装着しているとヒトの体内で増殖して敗血症や関節炎を起こすことがある。

> **乳酸菌**：糖類を発酵して多量の乳酸を生成する細菌群を乳酸菌と呼ぶ。乳酸菌には、乳酸球菌（*Streptococcus* 属、*Lactococcus* 属、*Enterococcus* 属、*Tetragenococcus* 属、*Pediococcus* 属、*Leuconostoc* 属）と乳酸桿菌（*Lactobacillus* 属）とがある（図2-19）。乳酸菌は、この性質を利用して、各種乳製品の製造、乳酸の製造、乳酸菌製剤などに用いられている。乳酸発酵には、次の2つの型があり、乳酸菌の種類によって異なる。
>
> (1) 同型乳酸発酵（homo lactic acid fermentation）
>
> $C_6H_{12}O_6$ → $2\,CH_3CHOHCOOH$
> グルコース　　　　乳酸
>
> (2) 異型乳酸発酵（hetero lactic acid fermentation）
>
> $C_6H_{12}O_6$ → $CH_3CHOHCOOH + C_2H_5OH + CO_2$
> グルコース　　　乳酸　　　　エチルアルコール　二酸化炭素

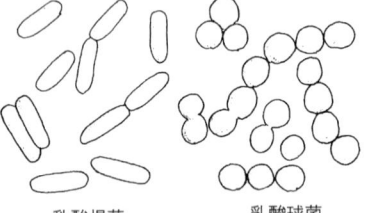

乳酸桿菌
(*Lactobacillus*)

乳酸球菌
(*Streptococcus*)
(*Lactococcus*)

Lb. bulgaricus　　　*Lb. acidophilus*
（写真提供：森永乳業）

図2-19　乳酸桿菌，乳酸球菌

4) *Streptococcus* 属（連鎖球菌）　　数珠のように球菌が連なっている。通性嫌気性の乳酸菌である。

Streptococcus thermophilus　　好熱性でヨーグルトやチーズの製造に利用されており、病原性はない。

S. mutans　　口腔に常在して歯を齲蝕する（いわゆる虫歯にする）原因とされている乳酸菌。

***S. pneumoniae*（肺炎球菌）**　　肺炎の原因菌として最も重要な菌である。健康な人の鼻喉にもこの菌は常在し、他の病気で抵抗力が低下すると感染発病す

ると考えられている。

　　5) *Clostridium* 属　　嫌気性の桿菌で，細胞の端部に内生胞子を生ずる。

　Clostridium butyricum（酪酸菌）　　チーズから分離されたが，多くは土壌中にいる。糖を発酵して酪酸 (butyric acid) を生成する。漬物やぬかみそなどに増殖して悪臭を放つ。

　C. acetobutylicum（アセトンブタノール菌）　　アセトン，ブタノール発酵をし，アセトン，ブタノールの製造に用いられた。

　C. botulinum（ボツリヌス菌）　　土壌中に常在する。缶詰，びん詰，パック食品などの加工行程で，滅菌不完全により胞子が生き残り増殖して，食中毒を起こすことがある。

　C. perfringens（ウェルシュ菌）　　ヒトや他の動物の大腸に常在するほか，河川，下水，海，土壌中にも分布する。数種類の毒素を生産し，食中毒，ガス壊疽などを起こし，敗血症に進むこともある。

（2）アクチノバクテリア（*Actinobacteria*）門

　グラム陽性細菌のうち，DNA 中の G + C 含有量が高い球菌や桿菌で構成されており，放線菌やビフィズス菌などが含まれている。

　　1) *Bifidobacterium* 属　　偏性嫌気性の桿菌で，端部が枝分かれしたり，棍棒状に膨れたりする形状をとる。哺乳類やニワトリ，ミツバチの腸内に常在し，ヒトでは10種同定されている。糖を分解して酢酸と乳酸を生成し，腐敗性や病原性の細菌の増殖を抑制するなどして腸内環境を整え，免疫力を高めるなどの作用をもち，プロバイオティクスとして利用されている。

　Bifidobacterium longum subsp. *infantis*　　母乳で育てられたヒト乳児の腸内で最も優勢となり，離乳食が始まるとその割合が低下する。母乳中のオリゴ糖が増殖因子であることが示されている。

　B. longum subsp. *longum*　　ヒトの乳児にも成人にも存在する。

　　2) *Actinomyces* 属　　カビのように菌糸状に生育するが，菌糸の幅は0.5～1.0 μm であり，細胞壁成分は他の細菌と同様にペプチドグリカンからなる。大部分の菌種は土壌中に生育し，有機物の分解者である。

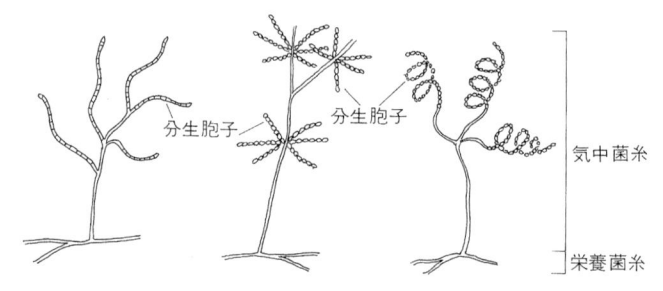

図2-20　*Streptomyces* 属の形態

（図中ラベル：分生胞子、分生胞子、気中菌糸、栄養菌糸）

3）*Streptomyces* 属　栄養菌糸で増殖したのち気中菌糸を空中に伸ばし，その先端がくびれて分生胞子を生じて繁殖する。したがって，コロニーははじめ白色ビロード状に見えるが，分生胞子（図2-20）が着生すると種特有の色を示すので分類上の特徴とされる。すべて偏性好気性菌で土壌中に常在するが，ストレプトマイシンの発見後精力的な研究が行われ，抗生物質生産菌が多数発見された。

***Streptomyces griseus* Waksman**　ワクスマンによって庭の土から分離された。結核菌に特効を示す抗生物質ストレプトマイシン（streptomycin）がこの菌から発見された（1943）。

S. aureofaciens　クロールテトラサイクリン（抗生物質）の生産菌。

S. venezuelae　タンパク質合成を阻害する広範囲抗生物質としてクロラムフェニコールを生産する。

4）*Propionibacterium* 属　スイスチーズから分離された桿菌で，空気にさらされると生育できず，嫌気的条件または低酸素分圧を必要とする。乳酸や糖を発酵してプロピオン酸と二酸化炭素を生成する。チーズの熟成に重要な働きをする。

5）*Corynebacterium* 属

***Corynebacterium diphtheriae*（ジフテリア菌）**　コリネ型の桿菌でジフテリアの病原菌である。*Corynebacterium* 属菌は，一般には気道の正常な常在菌である。

C. sepedonicum（ジャガイモ輪腐病菌）

C. glutamicum 　グルタミン酸発酵をするのでグルタミン酸の生産に利用される。

　6）*Mycobacterium* 属　 菌糸は作らず桿菌で多形態を示す。抗酸性（染色され難いが，一度染色されると酸性アルコールによっても容易に脱色されないという性質）をもつものがある（結核菌など）。

Mycobacterium tuberculosis（ヒト型結核菌）　グラム陽性の絶対好気性の桿菌で多形態を示す。ヒトの結核症の主要な原因菌である。生育速度は遅い。

M. leprae（癩菌）　 ハンセン病の病原菌であるが，治療薬としてダブソン，クロファジミン，リファンピシンなどがあり，それらを組合わせた多剤併用療法で完治する。

（3）プロテオバクテリア（*Proteobacteria*）門

　多くのグラム陰性細菌が含まれ，α-, β-, γ-, δ-, ε-プロテオバクテリアの5つの綱に分けられる。

　1）α-プロテオバクテリア

　(a) 酢酸菌科（*Acetobacteraceae*）　 液面に被膜を作って生育する好気性の桿菌で，*Acetobacter aceti*, *Gluconobacter oxydans* などがある。エチルアルコールを酸化して酢酸を生成する（酢酸発酵）ので，酒粕やブドウ酒などから食酢を製造するのに用いられる。

　(b) *Rhizobium* 属

Rhizobium leguminosarum 　エンドウ，ソラマメ，ダイズなどのマメ科植物の根に根粒を作って共生し窒素固定をする。

R. radiobacter（旧名 *Agrobacterium tumefaciens*）　 植物に対して病原性をもち，根の上部や茎に腫瘍（crown gall）を作る。Ti プラスミドをもち，植物の遺伝子操作に利用されている（p.179参照）。

　(c) *Rhodobacter* 属　 紅色非硫黄光合成細菌と呼ばれ，通性嫌気性で酸素（O_2）のない嫌気状態のときに光合成を行うが，酸素を出さず，二酸化炭素の固定もしない。*R. sphaeroides*, *R. capsulatus* などがある。

(d) *Rhodospirillum* 属　　紅色非硫黄光合成細菌で，通性嫌気性で嫌気状態のときに光合成を行うが，酸素を出さない。水素（H_2）や有機化合物を利用して二酸化炭素を還元し炭素源とするが，硫化水素は利用しない。

(e) *Rhodopseudomonas* 属　　紅色非硫黄光合成細菌のひとつ。この属のある種は光照射下で嫌気培養すると窒素固定を行い，それにともなって水素（H_2）を発生するので，再生可能な新エネルギーの開発が期待されている。

(f) *Nitrobacter* 属（硝酸菌）　　土壌中や水中にすむ非運動性の桿菌で，化学合成独立栄養細菌であり，亜硝酸を硝酸に酸化してエネルギーを生成する。地球上の窒素循環に重要な役割を果たしている。

2）β-プロテオバクテリア

(a) *Neisseria* 属　　非運動性で好気性の双球菌。

Neisseria gonorrhoeae（淋菌）　　ソラマメ状の球菌が2個対になっている双球菌である。熱や乾燥に対する抵抗力が弱い。ヒトの泌尿生殖器について化膿性の尿道炎や膀胱炎などを起こす。性交によって接触感染する。

N. meningitidis（流行性髄膜炎菌）　　流行性髄膜炎の病原体である。

(b) *Nitrosomonas* 属（亜硝酸菌）　　土壌中や水中にすむ非運動性の桿菌で，化学合成独立栄養細菌であり，生物の死骸や排泄物が腐敗してできたアンモニアを亜硝酸に酸化してエネルギーを生成する。地球上の窒素循環に重要な役割を果たしている。

(c) *Spirillum* 属　　淡水および海水に生育する。$2 \sim 60 \mu m$ の小型のらせん菌である。細胞壁は硬く，細胞の一端または両端に鞭毛をもち活発に運動する。化学合成従属栄養細菌で，一般に好気性である。

3）γ-プロテオバクテリア

(a) 腸内細菌科（*Enterobacteriaceae*）

Escherichia coli（大腸菌）　　ヒトや哺乳動物の腸内常在菌で一般に無毒である。ヒトにとっては有益であると考えられている。周毛をもつ通性嫌気性菌で，ラクトースを分解して酸とガス（CO_2, H_2）を生成する。飲食物や水環境などの衛生状態を調べるために大腸菌検査が行われる。その時，大腸菌の存在

の程度は糞便による汚染，すなわち病原性腸内細菌による汚染の指標として用いられている。大腸菌は一般に病原性はなく培養が容易なことから生化学や遺伝学の研究材料として広く用いられてきた。

Escherichia coli **O157：H7（腸管出血性大腸菌，ベロ毒素産生性大腸菌）**　大腸菌の変異種として病原性を獲得したものを病原性大腸菌と呼ぶ。その中のひとつがO157：H7で，下痢，腸管出血を起こす食中毒菌として注目されている。

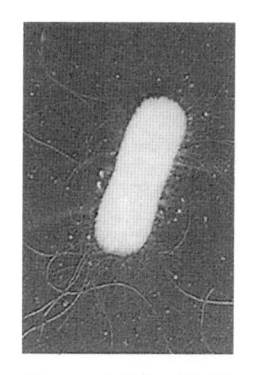

図2-21　大腸菌の電顕像

***Salmonella enterica* serovar Typhi（腸チフス菌）**　腸チフスの病原菌で周毛をもつ。経口感染し，腸出血，高熱（40℃）や脳症状を呈する。

***S. enterica* serovar Paratyphi（パラチフス菌）**　パラチフスの病原菌。

***S. enterica* serovar Typhimurium（ネズミチフス菌）**　動物の腸管内にすみ，卵，食肉など広範囲の食品を通して食中毒を起こす。

***S. enterica* serovar Enteritidis（ゲルトネル菌）**　鶏肉，鶏卵を汚染し，食中毒を引き起こす。鶏卵の汚染は卵殻だけでなく卵黄，卵白が感染している場合もある。

***Shigella dysenteriae*（赤痢菌）**　赤痢の病原菌である。鞭毛をもたず運動性がないことで，腸チフス菌との区別が容易である。腸粘膜に侵入し潰瘍を起こし，粘液と血液が便中に出る。志賀潔によって発見（1898）されたのでこの属名が付けられた。

***Klebsiella pneumoniae*（肺炎桿菌）**　肺炎，気管支炎の原因菌である。

***Serratia marcescens*（霊菌）**　水中，土壌，空中などに広く分布し，赤色の色素（prodigiosin）を生成し，赤色コロニーを作る腐敗菌である。

(b) *Vibrio* 属

***Vibrio cholerae*（コレラ菌）**　1本の極毛をもつビブリオ菌で，コレラの病原菌である。日本には常在しないが，海外から旅行者によって持ち帰られることがある。

V. parahaemolyticus（腸炎ビブリオ）　日本や東南アジアなどの沿岸水域の砂泥や海水中にすむ。日本では夏の海水温の上昇で増殖し，そこで漁獲された海産魚介類に付着して調理場などに持ち込まれ食中毒の原因菌となる。3％食塩を好み，平均世代時間は10～15分と短く増殖が速い。

　(c) *Pseudomonas* 属　1本ないし数本の極毛をもつ運動性，または非運動性の桿菌である。水中，土壌中にすみ，好気性で炭化水素や芳香族化合物を酸化する力が強く環境浄化に役立つ。青，緑，紅，黄などの蛍光色素を生成するものがある。

Pseudomonas aeruginosa（緑膿菌）　火傷の緑色の膿から分離された化膿菌である。水中や人の皮膚，腋下などにいる。肉や牛乳などの腐敗菌でもある。

　(d) *Chromatium* 属（紅色硫黄光合成細菌）　嫌気性の光合成細菌で酸素は出さず，H_2でCO_2を還元し，細胞内に硫黄顆粒を蓄積する。

　(e) *Acidithiobacillus* 属　硫黄化合物であるチオ硫酸（$S_2O_3^{2-}$）を硫酸（SO_4^{2-}）に酸化することによってエネルギーを獲得し，二酸化炭素を固定をする。その結果，この菌の生育環境は強い酸性（pH 1.0～3.5）となる。

　4）δ-プロテオバクテリア

　(a) *Desulfovibrio* 属　下水，河口，水田などにすみ，硫酸塩を最終電子受容体として利用し，硫酸塩を還元して硫化水素を発生する。このため硫酸塩のある水田では，稲の生育の後半に急激に生育がおとろえ収穫できないこと（秋落ち）がある。

　5）ε-プロテオバクテリア

　(a) *Campylobacter* 属　酸素濃度5～10％でよく増殖する微好気性のらせん状桿菌である。

Campylobacter jejuni　胃腸炎を主症状とする食中毒を起こし，発生は5～6月に多い。

　(b) *Helicobacter* 属　胃粘膜に感染して胃炎を引き起こす *H. pylori* の保菌者は世界の人口の半分に達すると考えらているが，症状が感冒と似ており顕在化しない。胃炎が慢性化すると胃・十二指腸潰瘍，胃がんなどを併発する

が，抗生物質などで除菌すると胃炎は改善することが知られている。

（4）デイノコッカス／サーマス（*Deinococcus*／*Thermus*）門

(a) *Deinococcus* 属　カロテノイドを含有し，紫外線やγ線に対して抵抗性を示し，耐乾性がある好気性菌。細胞膜は2枚（内膜，外膜）あるが，リン脂質はグラム陽性菌の組成に似ており，ペプチドグリカン層がやや厚いなど，グラム染色は陽性である。

(b) *Thermus* 属　グラム陰性で高度好熱性の好気性菌で，温泉などの熱水から分離される。*T. aquaticus* の *Taq* DNA ポリメラーゼは PCR（p.176参照）に利用されている。

（5）バクテロイデテス（*Bacteroidetes*）門

(a) *Bacteroides* 属　ヒトなど哺乳類の大腸内で最も優勢な（糞便1g中に10^{11}個以上，大腸菌の約1,000倍）グラム陰性の桿菌。嫌気性菌と考えられていたが，シトクロムをもち，nMの濃度のO_2存在下でよく増殖する。日和見感染を起こし，発がん物質を生成する菌種もある。

(b) *Prevotella* 属　ヒトの口腔やウシやヒツジの反芻胃から分離されるグラム陰性の嫌気性菌で，黒色色素を生産するものがある。ヒトで日和見感染するだけでなく，イヌやネコに噛まれて感染症を起こすことが知られている。

（6）クラミジア（*Chlamydiae*）門

Chlamydia trachomatis　グラム陰性のらせん状の細菌で，性交渉によって感染を起こす。皮膚細胞に潜り込んで増殖し，トラコーマ，鼠径リンパ肉芽腫，尿道炎，オウム病その他多数の生殖器感染症を起こす。

（7）スピロヘーテス（*Spirochaetes*）門

グラム陰性のらせん菌で，3つの科（Family）に分けられるが，そのうちスピロヘータ科の *Spirochaeta* 属のみを紹介する。細胞の長さは6〜500μmと大きく，鞭毛はもたないが細胞壁が柔かく，軸索の伸縮によって水中をゆるやかに運動する。

***Treponema pallidum*（梅毒菌）**　梅毒の病原体で性的接触によりヒトに感染する。病状が進行すると皮膚，内臓，骨などが侵され，ついには中枢神経へ

と病変が進む恐ろしい細菌である。

(8) シアノバクテリア（*Cyanobacteria*）門

酸素発生型光合成細菌で50以上の属がある。以前はラン藻類として取り扱われていたが，細胞構造は原核性で，細胞壁はペプチドグリカンからなり，グラム陰性菌としての性質をもっていることなどから細菌に分類された。クロロフィルをもち，水を水素供与体として酸素発生型の光合成をする。

Spirulina platensis（スピルリナ）　アフリカ中部の塩水湖に生息し，古くから住民は食用としていた。光合成で増殖するので大量培養され，単細胞タンパク質（SCP）として消化がよく，食料および飼料として期待されている。

Aphanothece sacrum（スイゼンジノリ）　湧水の池に生息する日本特産のラン藻で，熊本市の水前寺公園にちなんで命名された。食用として市販されている（図2-22）。

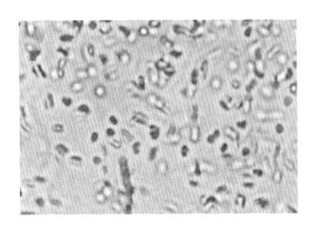

図2-22　スイゼンジノリ
(寒天質に包まれた細胞群)
(写真提供：重田耕司氏)

3．古細菌（Archaea）

(1) クレンアーキオータ（*Crenarchaeota*）門

ほとんどが高度好熱菌であり，陸上の硫気孔や海底の熱水孔の周辺の泥や水から分離された。

Sulfolobus 属　好気性で80℃，pH2の硫黄分に富んだ温泉に生息する。

Thermoproteus 属　硫黄を還元して増殖する独立栄養の嫌気性菌で，酸性の温泉から分離された。最適な増殖温度は85℃である。

Pyrodictim 属　深海の熱水噴出孔に生息する嫌気性の超好熱菌で85～110℃の範囲でよく増殖することができる。硫黄（S）を水素（H_2）で還元する過程でエネルギーを得ている。

(2) ユーリアーキオータ（*Euryarchaeota*）門

Methanobacterium 属（メタン生成菌）　メタン生成菌は，沼・湖の堆積物，汚泥や哺乳類の消化管などに分布し，嫌気下で他の細菌の発酵によって生じた二酸化炭素を水素ガスで還元してメタン（CH_4）を発生する（メタン発酵）細菌

である。　　$CO_2 + 4H_2 \longrightarrow CH_4 + 2H_2O$

下水の嫌気的処理場では，この菌の生育によって多量のメタンガスが発生するので回収して利用される。

***Halobacterium* 属**　　自然界では塩湖や塩田に生息する。食塩を20～30％含む培地によく生育する高度好塩菌（extreme halophilic bacteria）である。カロテノイド系の色素を生成するので，なめし加工中の塩蔵牛皮や塩魚に増殖して紅い斑点を生じる。

5．ウイルス

1．ウイルスとは

タバコモザイク病（tobacco mosaic desease）を研究していたイワノウスキー（D. J. Iwanowski）は病気のタバコの葉の搾り汁を細菌ろ過器にかけて得られたろ液を健全なタバコの葉につけてモザイク病に罹ることをみた。ろ液に含まれている病気を起こすもとになるものをろ過性病原体と呼び，ウイルス（virus）発見の端緒となった（1892）。スタンリー（W. M. Stanley 1904～1971）はタバコモザイクウイルス（TMV：tobacco mosaic virus）の結晶化に成功し，

表2-3　ウイルスの種類

ウイルス群	核酸の種類	ウイルスの種類
動物ウイルス	DNA 型と RNA 型	日本脳炎，ポリオ，天然痘，A 型肝炎，B 型肝炎，ヘルペス，狂犬病，インフルエンザ，エイズ等のウイルス
植物ウイルス	RNA 型が多い	タバコモザイクウイルス，トマト萎縮病ウイルス，ジャガイモウイルス，トマト黄化壊疽ウイルス
バクテリオファージ（細菌ウイルス）	DNA 型が多い	大腸菌，チフス菌，赤痢菌，コレラ菌，枯草菌，乳酸菌，放線菌等のファージ

タンパク質からなるものであると考えた（1935）。しかし，さらに詳しい分析をした結果，タンパク質のほかにごく少量ではあるが一定量のRNAを含むことを発見した。これによってウイルスの本体はタンパク質と核酸の2種類の高分子物質からなることが明らかになった。

ウイルスとはラテン語で「毒」を意味する。現在，ウイルスは動物，植物，細菌などあらゆる生物の生活細胞に侵入し，その中でのみ増殖可能な偏性細胞内寄生体であると定義されている。特に細菌に寄生するウイルスをバクテリオファージまたは単にファージと呼ぶ（表2-3）。また，ウイルスは細菌や一般の生物のような細胞構造はもたず，多くのウイルスは遺伝情報として通常2本鎖DNAか，または1本鎖RNAのいずれかをもち（1本鎖DNAまたは2本鎖RNAをもつウイルスも少数ある），この核酸をタンパク質の膜で覆うという構造をもっている。ウイルスに感染された宿主細胞は破壊され，ヒトや農作物は多大な被害を受ける。宿主細胞に入っていないウイルスは不活性の感染粒子（virion）として存在している。ウイルスの多くは60℃，30分の加熱で感染性を失う。

山中伸弥（1962〜）は，風邪や下痢などの原因となるアデノウイルスを利用して，2006年に人のあらゆる部分の細胞になりうるiPS細胞（人工多能性幹細胞）を作ることに成功した。アデノウイルスはiPS細胞の作製に必要な3種類の遺伝子を細胞内に送り込む手段として利用されたのだが，遺伝子治療でも遺伝子のベクター（運搬体）として用いられている。ウイルスをベクターとして利用する場合は，ウイルスのDNAから病気を引き起こす遺伝子を除去して，治療などに必要な遺伝子を組み込んで細胞に感染させる。

2．バクテリオファージ（bacteriophage, phage）

デレル（d'Herelle）は，赤痢患者の大便の溶液を細菌ろ過器を通したろ液中に赤痢菌を溶菌する物質があることを発見した（1917）。その後他の細菌（表2-5）からも多くのファージが発見された。ファージと宿主細胞との間には特異性がある。

5. ウイルス 43

よく研究されている大腸菌ファージの一種であるT_2-ファージについて，その形態と生活環について説明する。

T_2-ファージの形態と生活環　図2-23に示すように，頭部と尾部とからなる。頭部は六角柱状で中に2本鎖DNAをもつ。尾部には尾鞘，尾芯，尾繊維，スパイクなど宿主にとりつきDNAを注入するための装置が備えられている。ファージが宿主（大腸菌）に近づくと尾繊維で菌にとりつき，スパイクで表層に吸着し尾芯を通してファージのDNAを大腸菌細胞の中に注入する。この時，タンパク質の外被は外に残る。注入されたファージDNAの情報に従って宿主の酵素を用いてDNAの複製と外被タンパク質の合成を行い，成熟ファージを形成すると宿主は溶菌してファージは外部へ放出される（図2-24）。

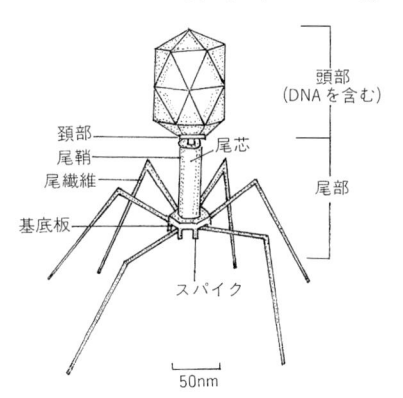

図2-23　T_2-ファージの形態

この生活環の1サイクルは20〜30分で，1個の宿主細胞から100〜1,000個のファージが放出され，そして健全な宿主へと侵入増殖を繰り返して短時間で急速に増殖する。したがって，細菌を用いた発酵工業生産の過程で，細菌がファージに溶菌されると甚大な被害を受けることになるのでファージ防除策が大切である。

T_2-ファージのように溶菌をともなうものを毒

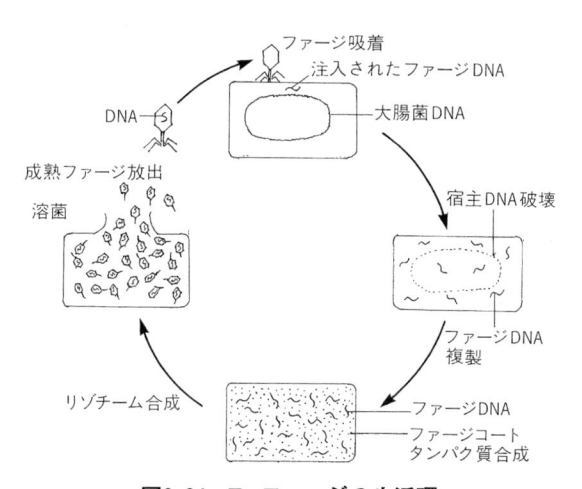

図2-24　T_2-ファージの生活環
（DNAは二重らせんであるが1本線として描いた）

性ファージという．これに対して，宿主のDNAの定まった位置にのってファージDNAと同調的に複製して細胞分裂するファージの種類がある．このような細菌を溶原菌といい，宿主のDNAにのったファージをプロファージと呼ぶ．溶原菌は，自然にあるいは紫外線照射や薬剤処理によってファージDNAを複製して成熟ファージを放出する溶菌サイクルに変わることがある．このように溶原菌として宿主との関係をもつことのできるものを弱毒ファージと呼ぶ．

参 考 文 献

R. Y. Stanier and J. Ingraham : The Microbial World 4th. ed., Prentice-Hall, Inc., 1976

鈴木健一郎・平石明・横田明：微生物の分類・同定実験法，シュプリンガージャパン，2001

柳田友道：微生物科学1，学会出版センター，1980

辺野喜正夫ほか編：原色食品衛生図鑑，建帛社，1982

山中健生：無機物だけで生きてゆける細菌，共立出版，1987

相田 浩：応用微生物学 改訂版，同文書院，1993

村尾澤夫・荒井基夫編：応用微生物学，培風館，1993

奥脇義行編：新微生物学，建帛社，1994

八杉龍一ほか編：生物学辞典 第4版，岩波書店，1996

児玉 徹ほか編：食品微生物学，文永堂出版，1997

W. B. Whitman, A. C. Parte, M. Goodfellow, P. Kampfer, P. de Vos, F. A. Rainey, K. H. Schleifer.: Bergey's Manual of Systematic Bacteriology 2nd Edition, vol.1～5, Springer, Dordrecht Heidelberg London New Youk, 2001, 2005, 2009, 2011, 2012

坂本順司：微生物学 地球と健康を守る，裳華房，2008

第3章
微生物の生理

1. 微生物の栄養

　微生物が生育（増殖）するためには，エネルギー源と，必要な元素を含み菌体構成成分の素材源となる栄養分を外界から取り入れねばならない。微生物の細胞には，炭素（C），水素（H），酸素（O），窒素（N），リン（P），イオウ（S）の元素が比較的多量に必要である。次にカリウム（K），マグネシウム（Mg），カルシウム（Ca），ナトリウム（Na），塩素（Cl），微量金属元素として鉄（Fe），マンガン（Mn），銅（Cu），亜鉛（Zn）などが必要である。

（1）エネルギー源 (energy source)

　光合成生物（photosynthetic organism）は光を，**化学合成生物**（chemosynthetic organism）は無機や有機の化学物質をエネルギー源とする。炭素源としては，二酸化炭素を利用できるものを**独立栄養生物**（autotroph），有機物を利用するものを**従属栄養生物**（heterotroph）と呼んでいる。微生物は，エネルギー源と利用する主な炭素源により，表3-1のように4つに分類されるが，さらに窒素の同化経路や電子伝達系の最終電子受容体などで細かく分けられる。カビ，酵母，乳酸菌群や大腸菌群などのほとんどの細菌は，化学合成従属栄養に分類される。

（2）炭素源 (carbon source)

　微生物の乾燥菌体の炭素含量は約50％である。従属栄養のカビや酵母，細菌では，有機化合物がエネルギー源と同時に菌体構成成分の材料，すなわち炭素

表3-1 栄養に基づく微生物の分類

分類	エネルギー源	主な炭素源	例
光合成独立栄養	光	CO_2	シアノバクテリア，紅色硫黄菌などの光合成細菌
光合成従属栄養	光	有機化合物 CO_2	一部の光合成細菌（紅色非硫黄細菌）
化学合成独立栄養	NH_4^+, S, H_2, Fe^{2+}など	CO_2	硝化細菌，硫黄細菌，水素細菌，鉄細菌
化学合成従属栄養	有機化合物	有機化合物	カビ，酵母，大部分の細菌

源となる。グルコースなどの単糖類，スクロースやマルトースなどの二糖類，アルコール，有機酸がよく利用される。糖などが重合したデンプン，ペクチン，セルロースなどの高分子化合物は酵素によって分解されないと利用できない。

(3) 窒素源 (nitrogen source)

窒素は乾燥菌体重量の約15％を占め，タンパク質を構成する各種アミノ酸や，核酸に必要な元素である。無機窒素源はアンモニウム塩，硝酸塩が利用される。空気中の窒素は窒素固定菌により利用される。有機窒素源は，自然界では生物の遺体や排泄物の分解から生じるものが利用され，培地にはミルクタンパク，大豆タンパク，肉，酵母菌体などの加水分解物が用いられる。これらは主にアミノ酸の混合物の形で窒素源となるが，無機塩類や微量成分源ともなる。

(4) 無機塩類 (mineral salts)

リンはDNA，RNAの核酸や生体膜成分のリン脂質，リン酸塩やATPなどの代謝中間体に含まれる。イオウは含硫アミノ酸やビタミンの構成元素である。培地にはそれぞれリン酸塩や硫酸塩を用いる。金属イオンは酵素の活性中心や活性化剤として働く。マグネシウム以外の微量金属元素は培地に水道水を用いる場合は加えないことが多い。

（5）ビタミン（vitamins）

ビタミンは，一般的に微生物自身の細胞内で生合成できることが多い。生合成経路の酵素が欠如していれば，要求性を示す。乳酸菌はビタミンB群の要求性を示すことが多い。ビタミンは細胞内で活性型に変換され，酵素の補酵素として代謝に重要な働きを示す。

2．微生物の培養

実験室での基本的な微生物の取り扱いについて述べる。詳細は実験書を参照されたい。

1．微生物を取り扱う実験の特徴

微生物は肉眼では見えないがいたる所に生息しており，実験室の空気中を浮遊しているだけでなく，実験器具，健康な実験者の皮膚にも付着している。対象とする菌株以外はすべて雑菌となる。常に雑菌による汚染に注意する必要があり，培養に用いる器具や培地をあらかじめ滅菌し，無菌的な空間を確保して，その中で操作を行う無菌操作が必要である。

食品に利用される菌で人体に有害な菌はないが，病原性微生物を取り扱う場合は実験室内での感染を防ぐだけでなく，病原菌が外部に拡散することは絶対に避けなければならない。このようなバイオハザードに対する対策は生物学的，物理学的封じ込め法としていろいろと工夫されている。

2．培　　地

微生物の培養に用いられる培地は，組成や形状でさまざまに分類され，目的に応じて使い分けられる。

まず，肉エキス，酵母エキス，麦芽エキス，ペプトンなどの天然物を加水分解したエキスを用いる培地を**天然培地**と呼ぶ。微生物がアミノ酸をそのまま利用でき，微量成分も多いので，多くの菌がよく生育できる比較的栄養豊富な培

表3-2　カビ，酵母用の天然培地の例

MY 培地（100mL 中）

グルコース	1.0g
酵母エキス	0.3g
麦芽エキス	0.3g
ペプトン	0.5g
	pH5.5～6.0

表3-3　カビ用の合成培地の例

Czapek-Dox 培地（100mL 中）

スクロース	3.0g
$NaNO_3$	0.3g
K_2HPO_4	0.1g
$MgSO_4 \cdot 7H_2O$	0.05g
KCl	0.05g
$FeSO_4 \cdot 7H_2O$	0.001g
	pH6.0

地である。一方，炭素源にグルコースなどの糖，窒素源に硝酸塩やアンモニウム塩を用いるような既知の化合物を配合する培地を**合成培地**と呼ぶ。合成培地に微量成分源として酵母エキスなどを加えることも多く，半合成培地と呼ばれる。ある菌株の生育に十分で必要な栄養素がすべて含まれているような培地を**完全培地**，合成培地のうち最も簡単な組成で遺伝学的，生化学的実験に用いる培地を**最少培地**と呼ぶ。また特定の菌種だけが生育したり，コロニーの周辺が着色するような選択培地，鑑別培地が工夫されている。

培地成分に寒天（1.5％程度）やゼラチンを加えて固化する培地を**固体培地**と呼び，培地成分だけで固化しないものを**液体培地**と呼ぶ。カビの培養で米や小麦ふすまを用いる場合にも固体培地と呼ぶ。0.7％程度の低濃度の寒天で固化したものを軟寒天（半流動）培地という。シャーレに固化すると**平板培地**，試

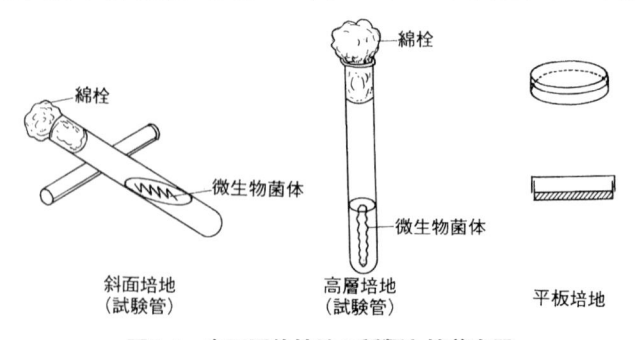

図3-1　寒天固体培地の種類と培養容器

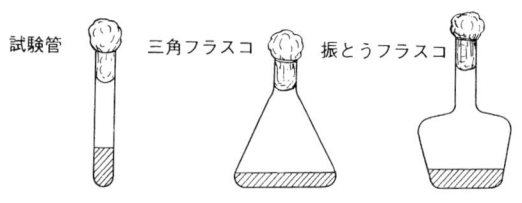

図3-2　液体培養に用いる培養容器

験管を斜めにして固化した培地を**斜面培地**，立てたまま固化したものを**高層寒天培地**という（図3-1）。

3．培養器具と培養方法
(1) 培養容器

　菌株の生育や保存には通常の試験管が用いられる。液体培養には三角フラスコと振とうフラスコ（坂口フラスコ，肩付きフラスコ）がよく用いられる（図3-2）。シャーレ（ペトリ皿）は平板培地に用いられる。加熱滅菌のため容器はガラス製が多かったが，ガス滅菌の普及によりシャーレなどはプラスチック製を用いることも多い。大量液体培養には**ジャーファメンター**と呼ばれるタンクが用いられ，実験室規模のガラス製の1L程度の容量のものから，ステンレス製の工場規模の大きなタンクまで利用される。固体培養では，ふた付きのアルミ製やステンレス製バットも用いられる。

(2) 植菌操作に用いる器具

　保存してある菌株を新しい培地で培養するときなどの植菌操作には細い白金線（ほとんどニクロム線で代用する）が用いられる。先端をループ状にしたものを**白金耳**（酵母や好気性菌用），線状を**白金線**（乳酸菌や嫌気性菌の穿刺培養用），カギ状を**白金カギ**（カビ用）と呼び，使い分けている（図3-3）。

　植菌操作などのために，無菌的な空間が必要であるが，HEPAフィルターを通した無菌空気を上や前面から連続的に吹き出させ，その中で作業をする**クリーンベンチ**を用いる。以前はガラス製

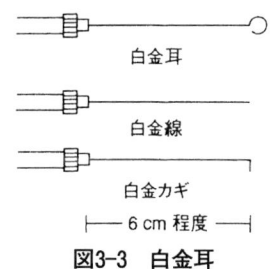

図3-3　白金耳

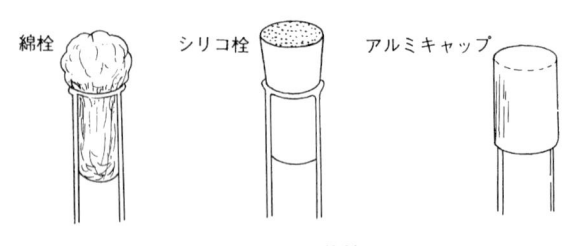

図3-4 培養栓

の箱の内部を紫外線ランプで殺菌した後，その中で操作をする無菌箱が用いられていた。簡易的にはガスバーナーの炎の周辺が無菌的になることを利用することもある。

（3）培養方法

　培地を容器に入れた後，容器内を無菌状態に保ちながら，目的とする菌株を植菌し培養するが，培養には通気することが多く，空気は流通するが雑菌が侵入しないような栓が必要となる。この栓にはふとん用の綿を用いる**綿栓**，耐熱性の合成高分子製で，成型されたスポンジ状の**発泡シリコン栓（シリコ栓）**や紙栓を用いる（図3-4）。高分子の繊維などの隙間を空気だけが通過する。試験管には**アルミキャップ**を使用することもある。また，菌株保存や嫌気状態にするときにはねじ栓付き試験管などを使うことがある。

　試験管や振とうフラスコを用いる液体培養は，往復振とう機で振とうしながら空気を供給する振とう培養に用いる。三角フラスコは回転振とう機を用いる。振とうしない場合を静置培養と呼ぶ。嫌気性菌の固体培養では，シャーレを嫌気ジャーという密閉容器に脱酸素剤とともに入れる。

　温度を一定にして培養することが多く，そのために恒温室や恒温槽，恒温装置付の振とう機を用いる。

4．滅菌と消毒

　微生物を死滅させたり除去する場合，材料中のすべての微生物を殺滅して無菌の状態にすることを**滅菌**，ヒトや動物に病原性をもったり有害な微生物を殺滅したり，感染性を失わせることを**消毒**と呼び，使い分けることがある。滅菌

には物理的処理を，消毒には化学的処理を用いることが多いが，滅菌の方が厳しい処理となる。次のような滅菌，消毒方法があり目的により使い分けられている。

（1）火炎滅菌
　白金耳や綿栓，試験管の口などをガスバーナーの火炎中に数秒間置く。

（2）乾熱滅菌
　乾熱滅菌器を用いて，130〜140℃で3〜5時間，または160℃で1時間程度加熱する。ガラス器具，金属製品などの乾燥高温で変質しないものに用いる。

（3）高圧蒸気滅菌
　オートクレーブ（高圧釜）を用いて121℃，15〜20分の加熱を行う。すべての栄養細胞と胞子が死滅する完全な滅菌方法であり，培地の滅菌にはこの方法を用いる。ただし，熱で分解しやすいビタミンなどの化合物はろ過滅菌の後，無菌的に加える。

（4）その他の加熱による滅菌方法
　100℃の蒸気中あるいは沸騰水中で30分〜1時間加熱する**蒸気滅菌**，**煮沸滅菌**があるが，胞子が生存することがあり完全ではない。生き残った胞子を1日放置して発芽させ，栄養細胞にして滅菌するため，蒸気滅菌を1日1回，3日間くり返す**間欠滅菌法**が血清を含む培地で用いられる。

（5）ろ過滅菌法
　液体や気体をろ過することで菌体や胞子を除去する方法で，ろ過膜にはセルロースエステルやテフロンなどの高分子製で孔径が0.2〜0.45μmの**メンブレンフィルター**が用いられる。熱で変質するビタミン液や血清などに用いる。クリーンベンチやジャーファメンターの空気もろ過滅菌される。

（6）紫外線による滅菌
　260〜280nmの波長の紫外線を照射する。栄養細胞だけでなく胞子にも滅菌効果があるが，透過力が弱く材料表面にいない菌や水中の菌には効果がない。紫外線ランプが殺菌灯として施設，設備の滅菌に用いられる。

(7) 放射線による滅菌

放射性コバルトやセシウムの出すγ（ガンマー）線を照射する。透過力が強いので包装したプラスチック製品などを照射することで，封を開けるまでは，内部の無菌状態が保たれる。使い捨ての注射器などのプラスチック製の医療器具やメンブレンフィルターの滅菌に利用される。

(8) ガスによる滅菌法

エチレンオキサイドガスが用いられ，プラスチックの包装は透過するので放射線と同様に各種プラスチック製品の滅菌に用いられる。病室などの消毒にホルムアルデヒドガスを用いることもある。

(9) 消毒に用いられる化学物質

よく用いられる主な薬剤の化学構造を図3-5に，用途と特徴を表3-4にまとめた。微生物の生育は抑えるが，すでに生育している菌を殺す働きがない場合を**静菌作用**と呼び，殺菌作用と区別するが，同じ薬剤でも濃度や条件で作用が異なってくるので，厳密な区分は適当でない。消毒薬の多くは，微生物の細胞のタンパク質変性や酵素の失活を引き起こす。

次亜塩素酸ナトリウムは，水で希釈して生じる次亜塩素酸が細胞内に浸透し，

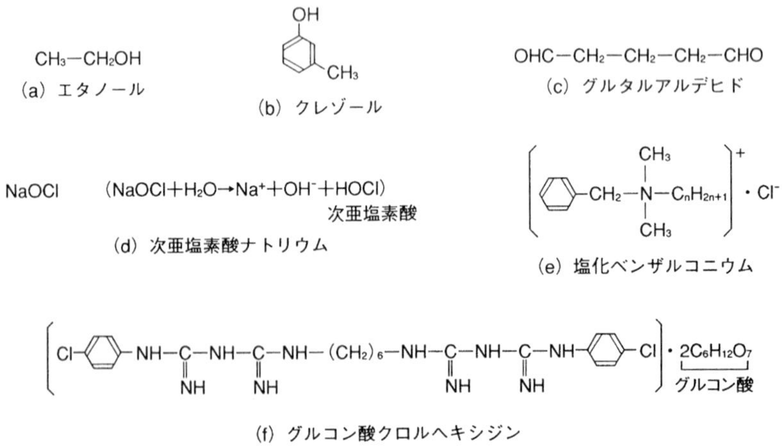

CH₃−CH₂OH
(a) エタノール
OH
CH₃
(b) クレゾール
OHC−CH₂−CH₂−CH₂−CHO
(c) グルタルアルデヒド
NaOCl
(NaOCl＋H₂O→Na⁺＋OH⁻＋HOCl)
次亜塩素酸
(d) 次亜塩素酸ナトリウム
CH₃
CH₂−N−CₙH₂ₙ₊₁
CH₃
・Cl⁻
(e) 塩化ベンザルコニウム
Cl
NH−C−NH−C−NH−(CH₂)₆−NH−C−NH−C−NH
NH
Cl
・2C₆H₁₂O₇
グルコン酸
(f) グルコン酸クロルヘキシジン

図3-5　主な消毒薬の化学構造

表3-4 主な消毒薬

消毒薬	主な用途	消毒効果	特徴
アルコール エタノール(70～80%) イソプロパノール(50%)	皮膚，手指	細菌栄養細胞，結核菌，ウイルスに有効．細菌胞子には無効	揮発性，引火性，クロルヘキシジン等と混合することも多い
フェノール類 フェノール	3～5%：器具，排泄物	細菌栄養細胞，結核菌に有効．細菌胞子，ウイルスに無効	皮膚に刺激性 クレゾールは難溶のため石けん水に溶解
クレゾール	1～2%：手指，器具 3%：排泄物		
アルデヒド類 ホルマリン(37～40%ホルムアルデヒド水溶液) グルタルアルデヒド	1～2%：医療器具(金属，プラスチック)	細菌栄養細胞，細菌胞子，ウイルスに有効	刺激臭，組織毒性のため人には使用しない グルタルアルデヒドはウイルスに強い効果
ハロゲン類 ヨードチンキ	皮膚，創傷 2倍希釈でも	細菌栄養細胞，ウイルスに有効	70%エタノール溶液中ヨウ素6%，ヨウ化カリ4%
次亜塩素酸ナトリウム液	0.1～1ppm：飲料水，プール 50ppm：器具	細菌栄養細胞，ウイルスに有効 結核菌には無効	有機物混在で効果低下 金属腐食性，刺激性 酸性液と混合で塩素発生
塩化ベンザルコニウム液 (逆性石けん液)	3～5%：手指 0.5～1%：器具	細菌栄養細胞に有効 結核菌，細菌胞子には無効	有機物混在で効果低下 金属腐食性
クロルヘキシジン液	0.05%：手指，器具	細菌栄養細胞に有効 結核菌，細菌胞子，ウイルスに無効	毒性，刺激性少ない 難溶のためグルコン酸と結合

タンパク質を変性させるが，酸性の液体と混合し，酸性域になると塩素ガスが発生するので，家庭内の換気の悪いところでの取り扱いには注意が必要である。また，食塩水を電気分解して得られる強酸性電解水は，手指の消毒に近年用いられており，殺菌効果の主体は次亜塩素酸とされる。

アルコールは**エタノール**，**イソプロパノール**とも高濃度になると殺菌作用が

落ちるとされ，それぞれ70～80％，約50％が用いられる。また，ノロウイルスのようなエンベロープのないウイルスには，あまり効果がない。

陰イオン界面活性剤である通常の石けんは，ほとんど物理的な洗浄作用しかないが，陽イオン界面活性剤である**逆性石けん**は細菌に対し殺菌作用をもつ。しかし両者を混合して用いると効果がなくなる。

5．基本的な培養操作
（1）培地の調製

使用する培地を選定し，調製すると，寒天を加えない液体培地は振とうフラスコなどの培養器具に一定量分注し，綿栓またはシリコ栓をして栓部分をアルミホイルで包み，オートクレーブを用いて，121℃，20分の滅菌を行う。アルミホイルは滅菌後，綿栓の乾燥のため取り外す。

寒天を加えた固体培地は，試験管では，先に加熱溶解した培地を試験管に分注し，綿栓をしてオートクレーブで滅菌する。滅菌後，斜めにして固化すると斜面培地ができる。シャーレでは，三角フラスコに培地を入れ，アルミホイルなどでふたをし，オートクレーブで溶解と滅菌を同時に行う。溶解した培地を，先に乾熱滅菌（150～160℃，1時間）をしたガラス製シャーレやガス滅菌してあるプラスチック製シャーレに，クリーンベンチ内で流し込み分注する。一定量を試験管に分注，滅菌した後，シャーレ1枚ずつに流し込むこともある。

（2）植菌操作

すべての操作はクリーンベンチ内の無菌的な空間で行う。手指は70％エタノールなどで消毒する。前培養の培地や，新しい培地の綿栓の表面と培養容器の管口部分には実験室の空気中の微生物が付着しているため，ガスバーナーの火炎で滅菌する。白金耳のニクロム線も赤くなるまで熱し，冷却しておく。すでに生育している菌を斜面培地などから白金耳でかきとり，新しい培地に植菌する。植菌後もう一度綿栓表面や白金耳を火炎滅菌しておく。培養容器内は綿栓などで外気中の雑菌が侵入してこないので，そのまま恒温器や振とう機を用いて培養する。

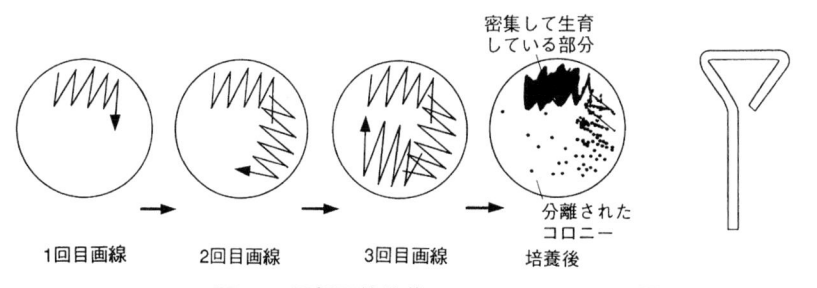

図3-6　平板画線培養　　　　図3-7　コンラージ棒

（3）純粋分離法

　菌種の混じった試料から菌株を純粋に分離するには，白金耳を用いて平板培地に次のように植菌する。試料の付いた白金耳をシャーレの1/3に画線したあと，白金耳を一度火炎滅菌して無菌とし，2度目の画線を1回目の画線跡の部分と少し重なるように行う。さらに3回目の画線を同様にして行うと，菌の濃度が順にうすくなり，画線上で細胞1個ずつがバラバラになる。これを培養するとそれぞれが目に見える独立したコロニーを形成する（図3-6）。これを平板画線培養と呼ぶが，生じたコロニーから3回程度平板画線培養を繰り返し，菌株を純粋分離する。

　または，試料を希釈して菌数が100～200個程度のうすい懸濁液をシャーレ一面に散布してもコロニーが得られる。散布にはガラス製のコンラージ棒（スプレッダー，図3-7）を用いる。

3．微生物の生育

1．生育の測定方法

　細菌や酵母の分裂や出芽などで増殖する単細胞微生物の生育は細胞数（個体数）の増加，カビや一部の酵母のような菌糸が伸長するものは細胞量（菌体重量や菌体成分）の増加を指標とする。

（1）顕微鏡と計数盤による測定

　酵母はトーマ（Thoma）の計数盤（血球計数盤，ヘマトメーター，図3-8），

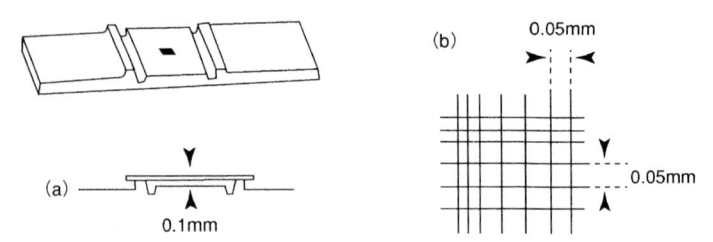

中央に懸濁液を滴下し、カバーグラスでおおうと深さが、0.1mm生じる。1区画の容積が0.00025mm^3（=0.05mm×0.05mm×0.1mm）となる。(a) 断面。(b) 中央部の格子状の区画

図3-8　トーマの計数盤

細菌はペトロフーハウザー（Petroff-Hauzer）の計数盤を用いて、顕微鏡で一定区画内の菌の個数を直接数える。トーマの計数盤では、$2.5×10^{-4}$mm^{3}の体積の個数を計数することになり、試料1mL当たりの菌数に換算する。生菌と死菌の合計の総菌数が求められるが、酵母の場合、メチレンブルーで染色すると死菌は青色に染まり、生菌は色素を還元して無色になるので、生菌数を求めることができる。

（2）コロニー形成法

試料の希釈液を平板培地に散布するか、溶解した寒天培地と混合して固めて培養する。細胞1個から目に見える1個のコロニーが形成されるとして、コロニーの数を数え、生菌数を測定する。細胞分裂や出芽を続けることができない生菌や死菌はコロニーを形成することができないので、総菌数より少ない値となる。菌濃度が希薄な場合、試料をメンブレンフィルターで無菌的に濃縮し、フィルターを平板培地上に置いて培養し、フィルター上にコロニーを形成させることもされる。

（3）希釈法（MPN法）

固体培地でコロニーを形成しない場合用いられる。試料を数段階希釈して、希釈液を一定量ずつ、たとえば5本の液体培地に接種し、どの希釈段階では何本に菌が生育するかを調べ、確率論から導かれた公式や表を用いて菌数（最確数, most probable number）を求める。

（4）分光光学法

　均一な菌の懸濁液となる細菌や酵母では，吸光度（濁度）と菌体量が一定の範囲で比例する。菌の懸濁液に光が当たり，透過光の量を測定することで吸光度が，散乱光の量を測定することで濁度が得られる。610nmや660nmの波長の吸光度を分光光度計で求めることが多い。別の方法で計測した総菌数と吸光度の関係を求めておけば，簡便に測定できる吸光度から総菌数を求められる。

（5）乾燥重量法

　カビや放線菌など，菌糸状に生育したり，ペレット状になる場合は，ろ過後に菌体を105～110℃で恒量になるまで乾燥させ，重量を測定する。乾燥させると生化学的実験の試料とならない場合，ろ紙で水分を吸い取り便宜的に湿重量を測定する場合もある。

（6）体　積　法

　細胞懸濁液を一定条件下で，菌体量測定用遠心管（図3-9，または血球測定用毛細沈殿管）を用いて遠心し，毛細管部の沈殿の体積を求める。酵母では，3,000rpm，10分間程度の遠心を行う。

（7）菌体成分測定法

　微生物の生細胞中のATP（アデノシン三リン酸）量は，培養条件や生育時期にかかわらず，細胞の体積にほぼ比例するとされており，細胞

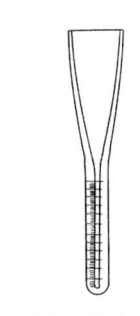

図3-9　菌体量測定用遠心管

から抽出した微量のATPを，ホタルの酵素，ルシフェラーゼを用いて測定することが行われる。ルシフェラーゼは遺伝子組換え法により大腸菌などで生産され，安価に供給されるようになっている。米麹などのカビの増殖では，カビの細胞壁成分であるグルコサミンを定量する方法がある。その他，DNA，RNA，タンパク質，含窒素の量を測定する場合もある。

2．生　育　曲　線（growth curve）

　細菌や酵母の単細胞微生物を新しい液体培地に接種して培養し，細胞数を計

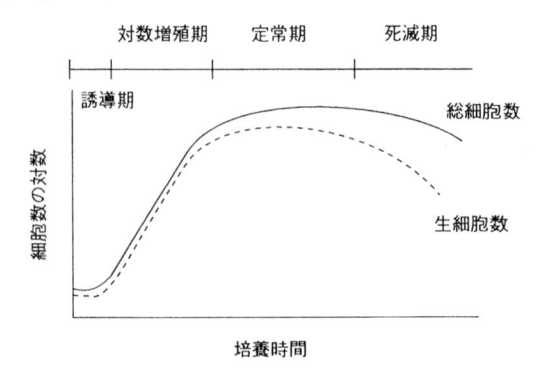

図3-10　単細胞微生物の生育曲線

測し，通常図3-10のように縦軸に生細胞数（または総細胞数）の対数，横軸に時間をとると，生育曲線が得られる。次の4時期に区分される。

1）誘導期（lag phase）　まず，ほとんど細胞数が増えず，あたかも新しい培地で増殖する準備の段階のような誘導期が短時間ある。タンパク質や核酸などの細胞内巨大分子の合成は起きており，細胞も大きくなる。代謝が活発になりやがて細胞数の増加が始まる。

2）対数増殖期（logarithmic phase, exponential phase）　次に細胞は盛んに分裂（酵母では出芽）をくり返しほぼ一定の時間で倍加するようになる。片対数グラフで直線となるような生育を示し細胞分裂速度は最大となる。菌数が2倍になる時間を倍加時間，または分裂直後から次の分裂に要する時間なので**世代時間**と呼ぶ。世代時間（G）を実験的に求めるには，N_0個の細胞が，n回分裂したt時間後に，Nt個になったとすると，

$$Nt = N_0 \times 2^n$$

となる。対数をとると，

$$\log Nt = \log N_0 + n\log 2 = \log N_0 + 0.301n$$

$$n = \frac{\log Nt - \log N_0}{0.301}$$

世代時間は$\frac{t}{n}$であるから，

$$G = \frac{t}{n} = \frac{0.301t}{\log Nt - \log N_0}$$

と表され，対数期のある時期の細胞数と t 時間後の細胞数を測定することで世代時間が求められる。最適な条件下で，大腸菌で15～20分，酵母で 1 ～ 2 時間であるが，培地や温度などの培養条件で大きく異なる。対数増殖期は栄養の欠乏や代謝産物の蓄積による環境の変化により増殖速度が低下し長く続かない。

　3 ）定常期（stationary phase）　　やがて，細胞分裂は続いているが，死滅する細胞も増え，生まれる生菌数とつり合って生菌数の増減がほとんどない状態がしばらく続く。これを定常期と呼ぶ。細胞数は期間中最も高くなる。内生胞子はこの時期に形成される。対数増殖期に比べ物理的や化学的な処理に対する抵抗性は高くなる。

　4 ）死滅期（death phase）　　定常期の後，菌自身のタンパク質分解酵素や細胞壁分解酵素の働きで細胞の自己融解（autolysis）が起きる。酵母では，細胞内小器官を消化する自食作用（autophagy）がはじめに起きる。生細胞数が減少し，やがて死滅するこの時期を死滅期という。ただし，自己溶解が起きず，総菌数はほとんど減少しない場合もある。菌体内の貯蔵エネルギーの消費や菌にとって有害な代謝産物の蓄積，たとえば乳酸による pH の低下などが原因となる。

　菌糸の伸長により生育するカビや放線菌は，液体培養では単細胞微生物と似たような生育曲線を示すが，若い菌糸と老いた菌糸部分が混在しているので質的には異なる。
　図 3 -10のような生育曲線は，一定容量の培地を 1 回限りで培養に用いると得られる。このような閉鎖系の培養を**回分培養**または**バッチ培養**と呼ぶ。それに対し，菌体と培養液を除きながら，連続的に無菌の新しい培地を注入して対数増殖期の状態を継続させる**連続培養法**がある。

3 ．微生物の生育条件

　微生物の生育に必要な条件を取り上げ，食品保存との関連を考えていく。

（1）酸　　素

　酸素は微生物の生育にとって重要な要素であるが，高等動植物のように必要とは限らず，有害な場合もある。酸素の必要性により生育に酸素の必要な**好気性菌**，酸素があってもなくても生育する**通性嫌気性菌**，酸素があると生育できない**偏性嫌気性菌**に区分される。酸素の代謝に関連して発生する有害な活性酸素を分解無毒化する酵素の有無とエネルギーを得るための代謝系（発酵と呼吸については後述）の違いがある。

1）偏性（絶対）嫌気性菌（obligate anaerobe）

　偏性嫌気性菌が好気的な条件で生育できないのは，酸素存在下の代謝の過程で発生する，菌にとって有害な過酸化水素とスーパーオキシドをそれぞれ分解するカタラーゼとスーパーオキシドジスムターゼ（SOD）をもたないために，空気中では増殖できないからである。主に発酵でエネルギーを得る。

$$2O_2^- + 2H^+ \xrightarrow{\text{スーパーオキシドジスムターゼ}} O_2 + H_2O_2$$

$$2H_2O_2 \xrightarrow{\text{カタラーゼ}} 2H_2O + O_2$$

図3-11　活性酸素の分解反応に関与する酵素

2）通性嫌気性菌（facultative anaerobe）

大腸菌や酵母をはじめとして，病原菌にも多い。酸素の有無によらず生育でき，両方の活性酸素分解酵素をもつ。酸素のない時は発酵で，酸素があると呼吸でエネルギーを得るので好気条

表3-5　酸素の要求性による微生物の分類

分類	性質	カタラーゼ	SOD	例
偏性嫌気性菌	酸素があると生育しない	−	−	*Clostridium* 属など
通性嫌気性菌	酸素があってもなくても生育する	−	+	乳酸菌（耐気性）
		+	+	酵母，大腸菌など
好気性菌	酸素が生育に必要	+	+	カビ，*Bacillus* 属，*Pseudomonas* 属，酢酸菌

件の方が生育がよいことが多い。酸素があっても発酵でエネルギーを得て増殖する乳酸菌などを耐気性嫌気性菌（耐気菌）として区別することもある。乳酸菌は一般的にカタラーゼをもたず，NADHパーオキシダーゼで過酸化水素を分解するとされている。

3）好気性菌（aerobe） カビや酢酸菌，放線菌などの細菌は，生育に酸素を必要とする菌群で，活性酸素を分解するカタラーゼとSODをもつ。エネルギーは主に呼吸で得ている。大気の酸素分圧よりも低い分圧の方がよい生育を示す菌を微好気性菌として区分することもある。

食品保存には，嫌気的な状態にして好気的に生育する微生物を抑える脱酸素剤，真空包装，ガス置換包装が利用される。ぬか漬けのぬか床を時々攪拌する必要があるのは，腐敗させる嫌気性の酪酸菌の増殖を通気によって抑える効果があるためである。

（2）温　　度

微生物全体では，広い範囲の温度で生育できるが，個々の菌種には最も適した温度がある。増殖可能な最低温度は，それ以下になると微生物の活動は停止し，休眠状態になる温度である。最高温度は，それ以上になると急激に死滅する温度である。最適温度により大まかに3つに区分される（表3-6）。

低温菌（psychrophile）は，海水，淡水中や魚介類に生息する菌に多い。中

表3-6　微生物の生育と温度

分類	最低温度	最適温度	最高温度	例
低温菌	-10～0°C	10～20°C	20～30°C	*Pseudomonas* 属や *Vibrio* 属の一部など水生細菌
中温菌	5～15°C	25～40°C	40～55°C	多くの微生物
高温菌	25～45°C	50～60°C	75～85°C	*Thermus* 属，*Bacillus* 属の一部など

温菌（mesophile）は，カビ，酵母，乳酸菌，腸内細菌など多くの微生物が属する。病原菌の多くも，ヒトや動物の体温付近に最適温度があり，中温菌に属する。**高温菌**（thermophile）は，温泉，火山，海底の熱水噴出孔などの自然の高温環境や，ボイラー，堆肥などの人工的な環境からも分離される。好熱菌とも呼ばれ，85℃以上で生育できる菌は超好熱菌と呼ぶ。高温菌のDNAポリメラーゼは耐熱性酵素で遺伝子増幅法（PCR法，p.176参照）に用いられる。

家庭用冷蔵庫は，低温にすることにより微生物の生育を抑制するだけで，殺菌の効果はほとんどなく，夏場に温度管理が悪いと食品が腐敗することがある。冷凍保存も微生物の増殖を防ぐが，死滅はしないので，解凍後の温度管理は重要である。

細菌の胞子や高温菌以外は，60℃，30分の加熱で，ほぼ死滅する。このような低温殺菌は牛乳や酒類の殺菌に用いられ，パスツーリゼイションや火入れとも呼ばれる。ただし，現在の市販の牛乳の多くは，130～140℃で1～3秒の超高温殺菌（UHT）法が用いられている。細菌の胞子の水分含量4～5％に対し，栄養細胞は75～85％であるが，タンパク質変性温度は水分が少ないほど高くなり耐熱性も高くなる。一般に胞子の耐熱性は，酵母胞子＜多くのカビ胞子＜コウジカビ・アオカビ胞子＜細菌胞子の順に高く，細菌胞子に汚染されている場合は注意が必要である。胞子は121℃，15分の高圧蒸気滅菌で死滅する。

（3）光　　線

核酸，タンパク質の吸収極大値の260～280nmの波長の**紫外線**が殺菌力が大きい。DNA中の隣接するピリミジン同士が重合し，二量体（ダイマー）となり，DNAの複製や転写が阻害される。ピリミジンのうちチミン同士がチミンダイマーを形成しやすい。可視光線による光回復などのDNA修復機構が知られているが，DNAの変化や，修復の際のエラーなどで変化が固定されると突然変異を引き起こし，致命的な変化や量になると殺菌作用を引き起こす。またタンパク質の変性や，過酸化物の生成も関与すると考えられている。

放射線は，DNAに対しては直接的には鎖の切断を引き起こし，ラジカルを生成することにより間接的にもDNAに障害を与える。タンパク質の変性も考

えられている。紫外線に比べ，透過力が強い。γ線は医療器具の殺菌に用いられる。殺菌目的の食品への照射は現在，わが国では認められていない。

（4）圧　　力

通常は大気圧が最適である。600気圧に達する深海などには好圧菌（barophile）が生息している。一方，食品加工の分野では，加熱殺菌により成分の好ましくない変化が起こるため，風味を損なわずに保存できるように，4,000気圧の**超高圧処理**によって食品を殺菌して加工する技術が開発されている。ジャムや加熱殺菌の回数を減らしたオレンジジュースで実用化されている。

（5）浸　透　圧

細胞内の浸透圧は高く，細胞外液の浸透圧が変化してもある程度は耐えられる。その範囲を超えて，細胞外側の浸透圧が低いと，細胞内に水が浸入し，細胞膜破壊，細胞質（原形質）吐出（plasmaptysis）が起こり，細胞壁のないプロトプラストの状態であると，蒸留水中で膨張し破裂する。外液の浸透圧が高いと，菌体から水分が流出し，原形質分離（plasmolysis）が生じる。病原性細菌を含めた多くの細菌は生理食塩水程度（NaCl 0.85％）の食塩濃度が良好な浸透圧となる。耐浸透圧性は，一般的に細菌＜酵母＜カビの順である。耐塩菌として，醤油もろみや味噌もろみ中に生育する酵母 *Zygosaccharomyces rouxii*，塩田跡や塩水湖に生息し，増殖に15％以上の食塩が必要な好塩細菌 *Halobacterium* 属は耐浸透圧性が高い。耐浸透圧性の酵母はグリセロールなどの糖アル

表3-7　生育に最適な食塩濃度による微生物の分類

分類	最適食塩濃度	例
非好塩菌	2％以下	大腸菌群など多くの細菌
低度好塩菌	2〜5％	海洋細菌に多い
中度好塩菌	5〜20％	*Vibrio* 属の一部など*
高度好塩菌	20〜30％	*Halobacterium* 属や *Halococcus* 属

＊濃度の低い培地でも生育できる細菌 *Tetragenococcus halophilus* は耐塩性菌，酵母 *Zygosaccharomyces rouxii* は耐浸透圧性菌とされることもある。

コールの蓄積で浸透圧を調節するとされており，耐糖性の高いカビ *Aureobasidium* 属は甘味料エリスリトールの工業生産に用いられている。食品保存には，塩蔵や糖蔵で浸透圧を高めて，菌の生育を抑制する。

（6）水　　分

　食品保存の手段として，干物など食品を乾燥させることにより，水分含量を減らし微生物の生育を抑えることができるが，食品などに含まれる水分には，食品成分の炭水化物やタンパク質と結合して，安定している**結合水**とそれ以外の**自由水**がある。微生物の生育には水分が必要であるが，利用できるのは自由水とかなりゆるやかな結合をしている水である。そのため微生物の生育を考える場合，水分含量よりも，自由水の割合を示す量をよく用いる。これが**水分活性**（Aw 値）で，一定の温度におけるその物質の蒸気圧と純水の蒸気圧の比で表される。水分活性の値が低いほど，自由水の割合が小さい。純水の水分活性は１であり，食塩やスクロースの溶液は濃度に反して水分活性が下がる。塩蔵，糖蔵食品は浸透圧を高めるだけでなく，食塩や糖によって水分活性を低下させ，

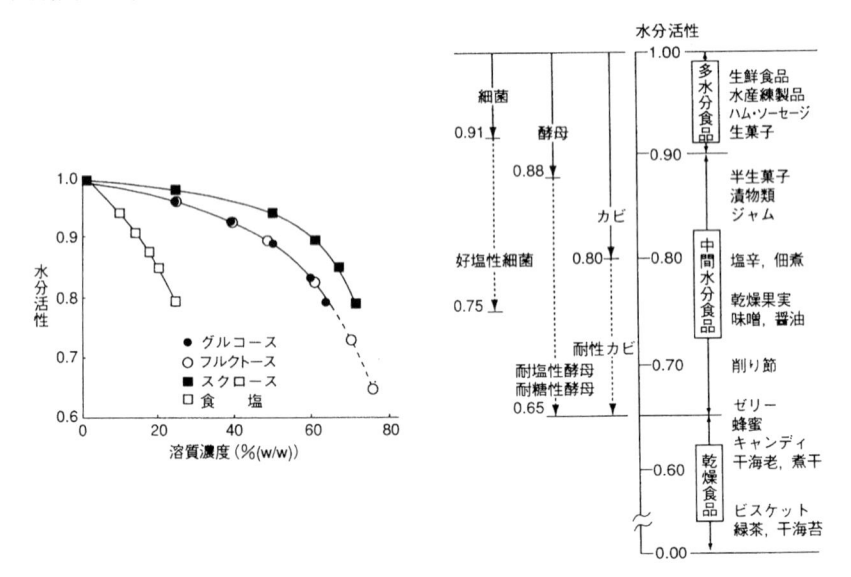

図3-12　培地の溶質濃度と水分活性の関係　　図3-13　微生物の生育最低水分活性と食品の水分活性
（徳岡敬子：ジャパンフードサイエンス, 32(4), p.55, 1993より）　（徳岡敬子：ジャパンフードサイエンス, 32(4), p.53, 1993より）

表3-8 微生物の生育に必要な最低水分活性の例

微生物	最低水分活性(Aw)
細菌*	
一般の細菌	0.94〜0.99
Escherichia coli（大腸菌）	0.95
Bacillus subtilis（枯草菌）	0.90
Pseudomonas aeruginosa（緑膿菌）	0.97
Staphylococcus aureus（黄色ブドウ球菌）	0.86
酵母*	
一般の酵母	0.88〜0.94
Saccharomyces cerevisiae	0.92
Zygosaccharomyces rouxii	0.67**
カビ**	
一般のカビ	0.80
Aspergillus niger	0.77
Mucor plumbeus	0.93
Penicillium chrysogenum	0.79
Rhizopus nigricans	0.93

＊食塩で調整した水分活性。
＊＊糖で調整した水分活性。
(徳岡敬子：ジャパンフードサイエンス, 32(4), pp.52-58　1993より抜粋)

菌の生育を抑制する。

　一般の微生物の生育に適した水分活性は0.98〜0.99の範囲である。微生物の種類によって生育に最低必要な水分活性があり，一般のカビは0.80，酵母は0.88，細菌は0.94程度とされる。カビが最も低い値でも生育できるが，耐乾性のカビや耐浸透圧性の酵母は0.65とされる。水分活性を調整するために用いる糖と食塩では，高濃度食塩により生育阻害作用があるため，同じ水分活性でも異なる生育を示す。一般的に糖で調節すると最低水分活性が低くなる。

（7） pH

　微生物には生育に適したpHがあり，一般に，カビと酵母は微酸性（pH5～6）で，大部分の細菌は中性から微アルカリ性（pH7～8）で生育がよい。カビの生育はpH2～8.5，カビ胞子の発芽はpH3～7で可能であり，酵母はpH3以下で生育できない。一般の細菌の増殖できるpHの範囲は5～9程度で，pH4.6以下で増殖できない。ボツリヌス菌などの栄養細胞の増殖，胞子の発芽もpH4.6以下ではできない。pHが4.6よりも高い食品を，レトルト食品や缶詰として長期保存するには，細菌胞子を死滅させるための十分な加熱処理が必要である。一方，酸性側でよく生育する硫黄細菌（最適pHが3以下の強酸性），酢酸菌，乳酸菌も存在する。また，pH9で生育する好アルカリ菌も知られ，アルカリ側で活性の高い洗剤用酵素の生産に用いられている株もある。

　酢漬，漬物は酢酸や乳酸で酸性とし，細菌の増殖を抑制する。日本酒の製造過程では，現在は乳酸を添加することが多いが，伝統的な製法では，初期に乳酸菌による乳酸発酵が行われ，有機酸としての働きと酸性による効果で，雑菌の生育を抑制し，エタノール発酵の主役である酵母が増殖しやすい環境となる。有機酸の抗菌力は塩酸より強く，非解離型分子が多いほど強くなる。有機酸の中では酢酸が最も抗菌力が高い。

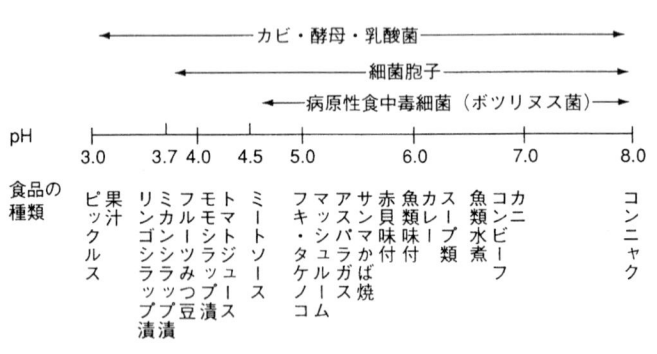

図3-14　微生物の発育可能なpH域と食品のpH

（粕川照男：『食品保存の知恵』p.73，研成社　1985）

4. 微生物の酵素

　生体内で生じる多くの化学反応は，微生物に限らず，タンパク質からなる酵素の触媒作用によって起きる。触媒作用とは酵素によって活性化エネルギーのレベルが下げられ，自然にはほとんど進まない反応の速度を大きくする作用で，酵素自身は反応前と反応後で変化はない。

　酵素には多くの種類があり，タンパク質のみからなるもの，タンパク質に糖鎖が結合したもの，触媒作用に必要な補欠分子族という，低分子の成分が固く結合しているものがある。ポルフィリンと鉄が結合している酵素はヘム酵素，FADなどのリボフラビン誘導体の場合はフラビン酵素と総称される。

　また，酵素と可逆的に結合して，触媒作用を進める補欠分子族を補酵素（co-enzyme）といい，多くの水溶性ビタミンが補酵素となる。たとえば，チアミン（ビタミンB_1）はチアミンピロリン酸に，ピリドキシン（ビタミンB_6）はピリドキサール6-リン酸として働く。補欠分子族の結合していない状態をアポ酵素，結合した状態をホロ酵素と呼ぶ。またMg^{2+}やCa^{2+}のような金属イオンが触媒作用に必須の場合もあり，補因子，活性化剤と呼ばれる。

　酵素の作用は，単独あるいは組み合わせて食品製造に多く利用されている。たとえば，清酒やビールの製造では，穀類のデンプンを麹菌や麦芽のアミラーゼでまずグルコースやマルトースに糖化し，次に酵母の解糖系の酵素群によってエタノールが生成されることになる。また甘味料の各種オリゴ糖の生産にも微生物のさまざまな酵素が利用されている。

1. 基質特異性

　酵素の作用を受ける物質を**基質**（substrate），作用を受け変化した後の物質を**生成物**（product）と呼ぶ。酵素と基質は鍵穴と鍵のようにアミノ酸の鎖でできる酵素タンパク質の空間に基質（あるいは作用を受ける部分）が入り込み，酵素と基質が複合体を作り，反応が進む。そのためある限られた基質のみ作用

を受ける。このことを**基質特異性**（substrate specificity）という。基質特異性が広い場合は、類似の化合物も基質となる。酵素と基質の結合のしやすさを**親和性**、酵素の反応に関与する酵素の特定部分を**活性中心**、**活性部位**という。

2．酵素活性と反応最適条件

酵素反応も一般の化学反応と同じで温度が高くなると反応速度は速くなるが、温度が高くなりすぎると、酵素タンパク質は変性し急激に不活性になる（図3-15）。反応速度が最大になる温度を**最適（至適）温度**という。30℃から60℃の範囲が多いが、好熱菌の生産する耐熱性酵素は最適温度が80℃になる場合もある。

酵素活性は反応液の状態に影響を受ける。特定のpHの領域で、最高の活性となり（図3-15）、このpHを**最適（至適）pH**という。pHの変化により、酵素タンパク質や基質のイオン化の状態が変化し、活性が変化する。pH3から9の間に最適pHがあることが多いが、同じリン酸エステル結合を分解する脱リン酸化酵素でも最適pHの異なるアルカリホスファターゼと酸性ホスファターゼがある。同じ酵素でも正逆反応で異なることもある。

酵素反応で基質濃度 s を上げていくと、低濃度では、酵素反応初速度 V は濃度と比例するが、やがて飽和してある一定の値に近づく（図3-16）。この値を**最大反応速度**（V_{max}）といい、V_{max} の半分を示すときの基質濃度を **K_m 値**という。それぞれの値の関係は次のミカエリス－メンテン式で表される。

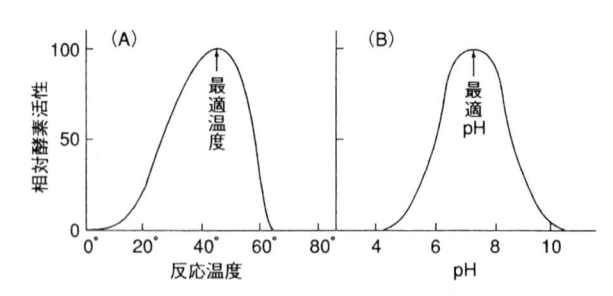

図3-15　酵素の反応最適温度(A)と最適pH(B)の例

$$V = \frac{V\max \cdot s}{Km + s}$$

Km値はミカエリス（Michaelis）定数とも呼ばれ，小さい方が基質に対する酵素の親和性が高くなる。

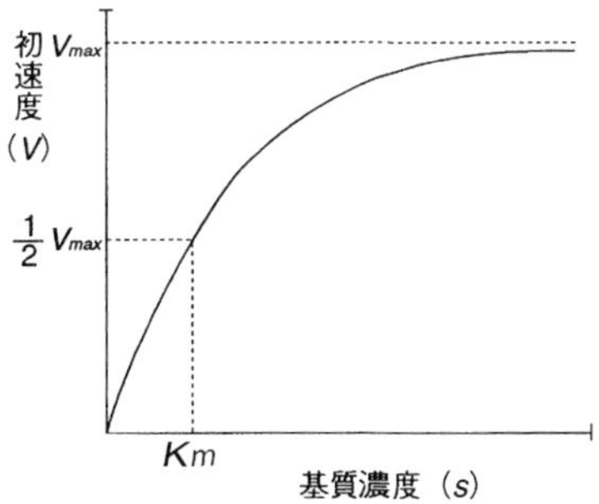

図3-16 酵素反応の初速度と基質濃度の関係

3．酵素の分類

酵素はプロテアーゼ（protease），オキシダーゼ（oxidase）のように基質や作用を表す語句の後に"ase"をつけて呼ばれる。プロテアーゼはタンパク質を分解する酵素群の総称で，他にアミラーゼ，リパーゼなども総称として用いられる。触媒する反応，基質，生成物，補酵素などにより細分される。酵素の起源が動植物由来かカビや細菌由来かでは区分されないが，同じ名の酵素でも起源が異なれば，アミノ酸配列は異なり，性質は少しずつ異なる。

現在酵素の命名は国際生化学連合が1964年に採択した方法が広く用いられ，改訂，補正が継続的に行われている。これによって酵素は下のように6種に大別され，系統名と慣用的に用いられる推奨名と酵素番号（Enzyme Commision Number，ECで始まる4組の数字）が付けられている。

例　推奨名・常用名：アルコール脱水素酵素（EC1.1.1.1）
　　　系統名：alcohol：NAD^+ oxidoreductase
　　　反　応：alcohol + NAD^+ = aldehyde or ketone + NADH

NADを補酵素とするが，NADPや，NADとNADPの両方を，あるいはPQQを補酵素とするアルコール脱水素酵素は別の番号が付いて区別されている。

（1）酸化還元酵素（oxidoreductase, EC 1. クラス）

酸化還元反応を触媒する。NADやNADPを補酵素とするような解糖系やTCA回路の酵素が多く含まれる。各種の脱水素酵素（デヒドロゲナーゼともいう）や酸化酵素（オキシダーゼ）のほか，カタラーゼも含まれる。

(2) 転移酵素 (transferase, EC 2. クラス)

メチル基やアミノ基などの官能基を別の化合物に転移する反応を触媒する。ピリドキサール6-リン酸を補酵素とする各種のアミノ酸アミノ基転移酵素（アミノトランスフェラーゼ）などが含まれる。

(3) 加水分解酵素 (hydrolase, EC 3. クラス)

基質の加水分解反応を触媒する。食品加工に利用される酵素も多く含まれる。プロテアーゼ（タンパク質を分解，以下同じ），ペプチダーゼ（ペプチド），リパーゼ（脂肪），アミラーゼ（デンプン），セルラーゼ（セルロース）などが含まれる。アミラーゼは作用の違いで，α-アミラーゼ，β-アミラーゼ，グルコアミラーゼと分けられる。

(4) 脱離酵素 (lyase, EC 4. クラス)

C-C結合，C-N結合などで二酸化炭素やアンモニアを生じながら二重結合を残す反応やその逆反応を触媒する酵素。脱炭酸酵素（デカルボキシラーゼ）などが含まれる。

(5) 異性化酵素 (isomerase, EC 5. クラス)

アミノ酸のD体，L体のような立体異性体などの異性体間の変換反応を触媒する。異性化糖の生産に用いられるグルコースイソメラーゼ（酵素化学的にはキシロースイソメラーゼ）などが含まれる。

(6) 合成酵素 (ligase, EC 6. クラス)

ATPなどのリン酸の加水分解すなわちエネルギーの消費とともに，2個の分子を結合する反応を触媒する。アミノ酸とtRNAを結合してアミノ酸を活性化し，タンパク質合成に用いられる形にするアミノ酸-RNA合成酵素などが含まれる。

5. 微生物の物質代謝

1. エネルギー生成反応と炭水化物の代謝

微生物がエネルギーを獲得し，生命を維持するとともに，生長と増殖を行う

ために，細胞内に起きる化学的反応をまとめて**物質代謝**（metabolism）と呼ぶ。そのほとんどは酵素が反応を触媒する。

物質代謝は，機能から2つに分けられる。1つは，**分解**（または異化，資化）**経路**（catabolism）で，栄養として外部から取り入れたり，内部に蓄積していた化合物を代謝する過程でエネルギーを生成する反応が主体である。一方は，**生合成**（同化）**経路**（biosynthesis, anabolism）と呼び，エネルギーを消費し，生体に必要な低分子や高分子の化合物の合成にまで達する反応である。細胞内では相互の経路が複雑に関連し，ネットワークを形成している。

エネルギーは，ATPを合成することで化学エネルギーとして蓄えられ，ATPを分解するときに生じるエネルギーを生合成経路などの反応で消費する。ATP中のリン酸結合がひとつ加水分解されると1モル当たり，約7.3kcalの自由エネルギーの変化が生じる。

（1）エネルギー生成反応

エネルギー生成反応は，**発酵**，**呼吸**，**光合成**の3つに大別されるが，さまざまな微生物に対応して，個々の反応経路は多様である。また糖などの炭水化物は代謝され発酵と呼吸の経路に流れこむ。

発酵は，有機化合物が嫌気的に分解され，酸化される過程でADPがリン酸化されATPが合成されるので，基質レベルのリン酸化と呼ばれ，偏性および通性嫌気性菌はこの経路でエネルギーを得る（なお応用微生物の分野では，「発酵」は広い意味で用いられ，アミノ酸発酵，メタン発酵，有機酸発酵など微生物で

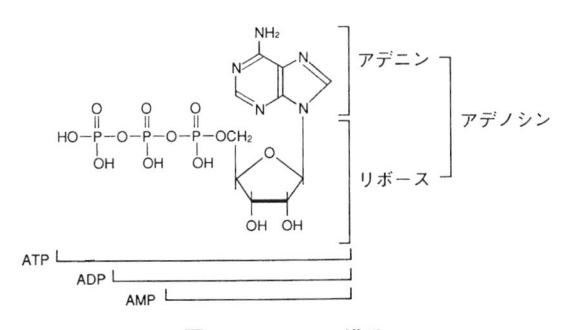

図3-17 ATPの構造

72　第3章　微生物の生理

図3-18　解糖系

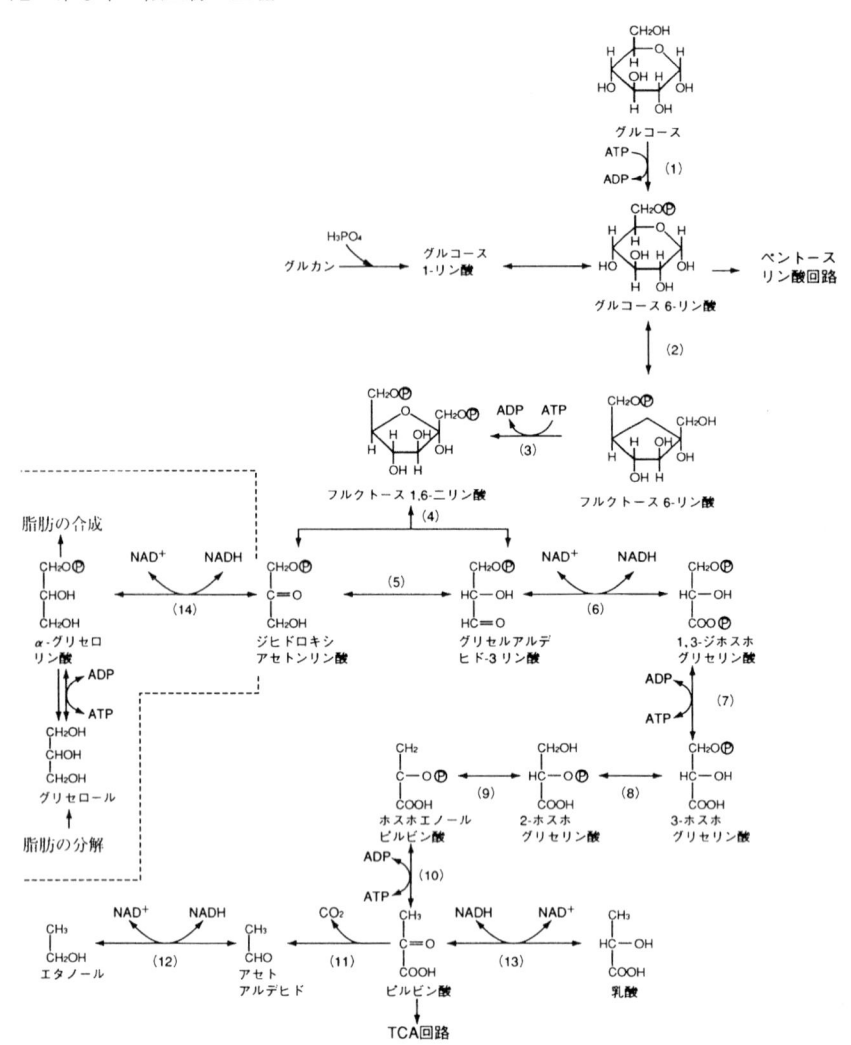

(1)ヘキソキナーゼ, (2)グルコースリン酸イソメラーゼ, (3)ホスホフルクトキナーゼ, (4)フルクトース二リン酸アルドラーゼ, (5)トリオースリン酸イソメラーゼ, (6)グリセルアルデヒド3-リン酸デヒドロゲナーゼ, (7)ホスホグリセリン酸キナーゼ, (8)ホスホグリセロムターゼ, (9)エノラーゼ, (10)ピルビン酸キナーゼ, (11)ピルビン酸デカルボキシラーゼ, (12)アルコールデヒドロゲナーゼ, (13)乳酸デヒドロゲナーゼ, (14)グリセロ3-リン酸デヒドロゲナーゼ　Ⓟ:PO_3H_2

有用物質を生産させるときにも用いられる)。呼吸は**電子伝達系**と共役して酸化反応からプロトンの濃度勾配を形成し，ADPからATPが生成されるので，酸化的リン酸化と呼ぶ。電子伝達系の最後の段階で，**酸素**が電子受容体となり，水が生じる場合を**好気呼吸**といい，好気性菌，通性嫌気性菌が行う。酸素以外の化合物が電子受容体となる場合を，**嫌気呼吸**といい，偏性および通性嫌気性菌が行う（この項の「呼吸」は動物の外呼吸と区別する）。

光合成は，光エネルギーを用いて，呼吸と同様の電子伝達系でATPを生成する。植物や藻類と同じように水が水素供与体で酸素を生じ，シアノバクテリアが行う**酸素発生型光合成**と，硫化水素（紅色硫黄細菌など）や水素が水素供与体となる独立栄養や従属栄養の光合成細菌が行う**酸素非発生型光合成**がある。

(2) 発　　酵

1) 解糖系　　EMP (Embden-Meyerhof-Parnas) 経路とも呼ばれる。グルコースからピルビン酸を生じる解糖系が高等生物，微生物に共通な主要な経路である。酵母のアルコール発酵はこの経路によりグルコースからピルビン酸を経由してエタノールと二酸化炭素を生じる。

図3-18に示すように，グルコース1分子から，2分子のピルビン酸が生じる過程で，2分子のATPを消費し，4分子のATPを生成するので，差し引き2分子のATPを生じることとなる。同様なエネルギー化合物であるNADHも2分子生じるが，ピルビン酸からエタノール（酵母）または乳酸（乳酸のみが生成されるホモ型乳酸発酵の乳酸菌，動物細胞）が生成される段階で，NADHの再酸化が行われ，消費される。全体は次式で表わされる。

酵母のアルコール発酵：　　$C_6H_{12}O_6 \rightarrow 2CH_3CH_2OH + 2CO_2 +$ エネルギー
乳酸菌のホモ型乳酸発酵：$C_6H_{12}O_6 \rightarrow 2CH_3CHOHCOOH +$ エネルギー

2) ペントースリン酸回路　　ヘキソースリン酸 (HMP) 経路とも呼ばれ，グルコースからグルコース6-リン酸，リブロース5-リン酸を経て生成される炭素数3〜7の糖リン酸エステル体が相互変換され，解糖系に流れたり，グルコース6-リン酸が再生される（図3-19）。

この回路は，核酸の生合成に必要なリボースと，脂肪酸などの生合成に必要

74　第3章　微生物の生理

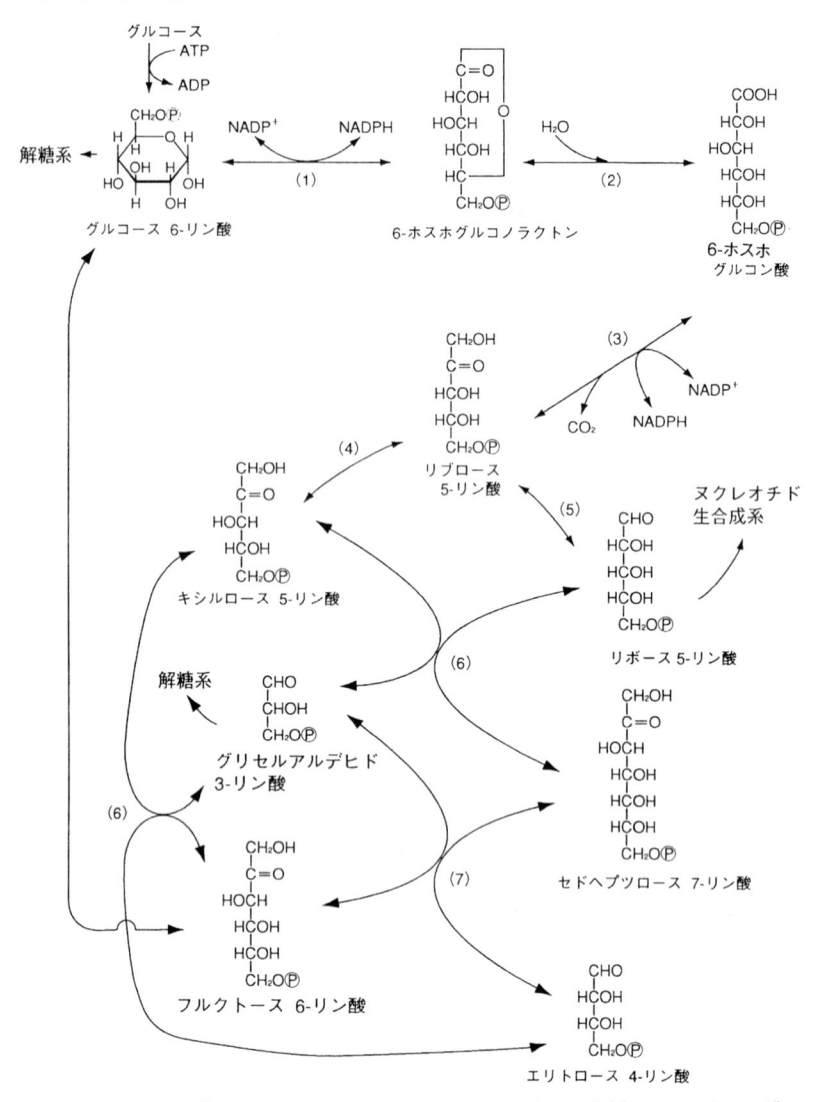

(1)グルコース6-リン酸デヒドロゲナーゼ,(2)ホスホグルコノラクトナーゼ,(3)6-ホスホグルコン酸デヒドロゲナーゼ,(4)リブロースリン酸3-エピメラーゼ,(5)リボース5-リン酸イソメラーゼ,(6)トランスケトラーゼ,(7)トランスアルドラーゼ　Ⓟ:PO₃H₂

図3-19　ペントースリン酸回路

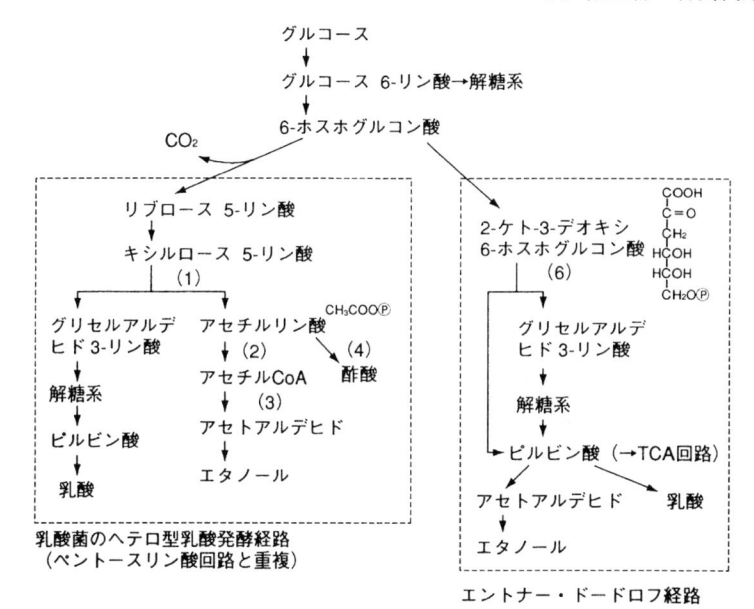

```
              グルコース
                 ↓
              グルコース 6-リン酸 → 解糖系
                 ↓
              6-ホスホグルコン酸
        CO₂  ↙        ↘
```

┌─────────────────────────────────┐   ┌──────────────────────┐
│   リブロース 5-リン酸   │   │ 2-ケト-3-デオキシ   │   COOH
│   ↓   │   │ 6-ホスホグルコン酸   │   C=O
│   キシルロース 5-リン酸   │   │   (6)   │   CH₂
│   (1)   │   │   ↓   │   HCOH
│   ↙   ↘   CH₃COO-Ⓟ │   │   グリセルアルデ   │   HCOH
│ グリセルアルデ アセチルリン酸 │   │   ヒド 3-リン酸   │   CH₂O-Ⓟ
│ ヒド 3-リン酸   ↓ (2)   ↘(4) │   │   ↓   │
│   ↓   アセチルCoA   酢酸│   │   解糖系   │
│   解糖系   ↓(3)   │   │   ↓   │
│   ↓   アセトアルデヒド │   │   ピルビン酸 (→TCA回路) │
│   ピルビン酸   ↓   │   │   ↙   ↘   │
│   ↓   エタノール   │   │ アセトアルデヒド 乳酸 │
│   乳酸   │   │   ↓   │
│   │   │   エタノール   │
│ 乳酸菌のヘテロ型乳酸発酵経路   │   └──────────────────────┘
│ （ペントースリン酸回路と重複） │   エントナー・ドードロフ経路
└─────────────────────────────────┘

(1)ホスホケトラーゼ，(2)ホスホトランスアセチラーゼ，(3)アセトアルデヒドデヒドロゲナーゼ，(4)酢酸キナーゼ，(5)ホスホグルコン酸デヒドロゲナーゼ，(6) 2-ケト-3-デオキシ-6-ホスホグルコン酸アルドラーゼ（いずれの経路も ATP，NADH などは省略）

図3-20　乳酸菌のヘテロ乳酸型発酵経路とエントナー・ドードロフ経路

なNADPHの供給源となる一方，ペントースなどの資化経路となり，多くの微生物が有する．微生物の種類や生育条件で解糖系とこの回路の利用の割合は異なる．酵母の嫌気的生育は解糖系中心で，好気的に生育させると，グルコースの約30%がペントースリン酸回路で代謝される．乳酸菌のヘテロ型乳酸発酵はこの経路が利用されるが，グルコース1分子より乳酸とエタノールを生じる場合は，ATP1分子，乳酸と酢酸ではATP2分子が得られる．

乳酸菌のヘテロ型乳酸発酵：

$$C_6H_{12}O_6 \rightarrow CH_3CHOHCOOH + 2CH_3CH_2OH + 2CO_2 + エネルギー$$

3）エントナー・ドードロフ（Entner–Doudoroff）経路　主に，細菌 *Pseudomonas* 属とその類縁の属の菌に存在する．グルコース1分子からATP1分子が生成される．細菌 *Zymomonas* 属によるエタノール発酵はこの経路が

76　第3章　微生物の生理

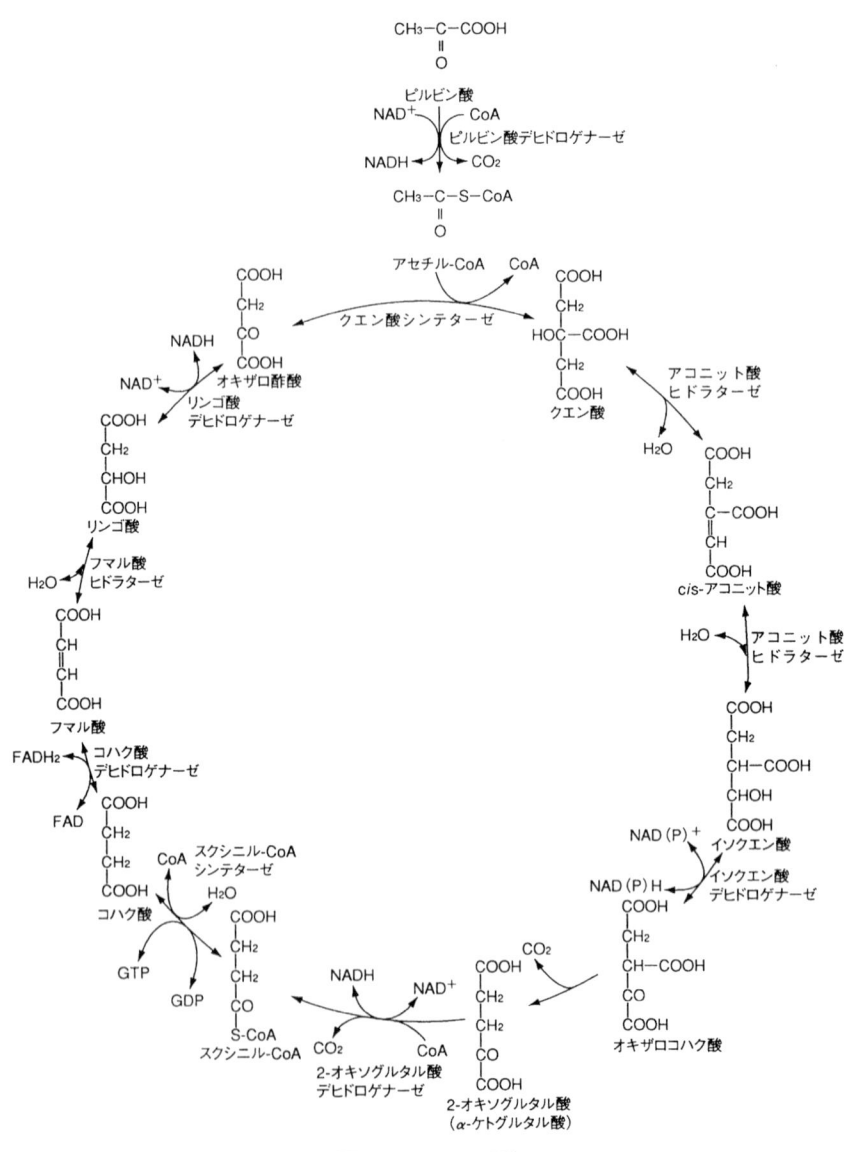

図3-21　TCA回路

利用される。

(3) 呼　　吸

1) TCA 回路 (tricarboxylic acid cycle)
クレブス回路，クエン酸サイクルなどの呼び方がある。ピルビン酸を二酸化炭素と水に酸化し，生じたNADHを電子伝達系に供給する。エネルギーや有機酸，アミノ酸生合成の出発化合物の供給源ともなる。カビや酵母の真核生物はミトコンドリア内で反応が進む。グリオキシル酸を経由する側路もある。

TCA回路では，ピルビン酸1分子から，NADHが4分子，$FADH_2$が1分子，GTPが1分子生成する。共役する電子伝達系でNADHはATP3分子，$FADH_2$はATP2分子を生み出す。GTPはATP1分子に相当するので，合計15分子のATPが生成する。グルコース1分子からであると，解糖系で生じる2分子のNADHは好気条件では，電子伝達系で6個のATPを生成するので，解糖系では8個，TCA回路では30個，合計38個のATPが生じる。ただし，真核生物の解糖系で生じるNADHは，ミトコンドリア膜を越える輸送にエネルギーが消費されるので，4個のATPとなり，合計36個とされる。いずれにせよ，解糖系のみの発酵と比べ，エネルギーの獲得には大きな差がある。

2) 電子伝達系
フラビン酵素，CoQ，ヘムタンパク質であるシトクロム群からなる。真核生物ではミトコンドリア内膜，細菌では細胞膜に酵素群が存在する。TCA回路などで生じたNADH，$FADH_2$などからプロトン（水素イ

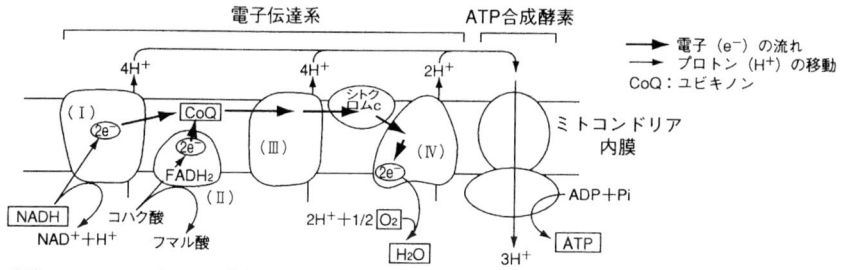

(I) NADH-CoQレダクターゼ複合体（NADHデヒドロゲナーゼを含む）
(II) コハク酸-CoQレダクターゼ複合体（コハク酸デヒドロゲナーゼを含む）
(III) $CoQH_2$-シトクロムcレダクターゼ複合体（シトクロムb, c_1を含む）
(IV) シトクロムcオキシダーゼ複合体（シトクロムa, a_3を含む）

図3-22　真核生物の電子伝達系

オン）と電子が取り出され，電子が電子伝達系に受け渡され，流れてゆく過程で，膜の内と外側でプロトンの濃度勾配を形成するようエネルギーを放出する。NADHから2個の電子が流れると，10個のプロトンが膜の外側に移動する。TCA回路上のコハク酸脱水素酵素によって生成する$FADH_2$からは6個のプロトンが移動するとされる。生じた電気化学的な差をエネルギーとして利用し，ATP合成酵素がADPをリン酸化してATPを合成するが，3個のプロトンが元に移動するエネルギーでATP1分子を合成する。NADH1分子からATP3分子が生成されることになる。電子伝達系の末端に達した電子は，酸素とプロトンとともに水分子を生じる。

3）その他の好気呼吸の経路 多くの微生物が属する化学合成従属栄養微生物は，グルコースなどの有機物を酸化し，TCA回路と電子伝達系の共役でATPを生産するが，化学合成独立栄養微生物は，無機化合物を好気的に酸化する過程と電子伝達系を共役させてATPを生産する。たとえば，*Nitrosomonas*属はアンモニアを亜硝酸に（亜硝酸菌），*Nitrobacter*属は亜硝酸を硝酸（硝酸菌）にする過程と共役させており，まとめて硝化菌と呼ばれる。*Pseudomonas*属の水素細菌は水素を酸化し，ATPを合成する。いずれも酸素が電子受容体となる。

4）嫌気呼吸 電子伝達系の最終電子受容体に酸素の代わりに，硝酸を亜硝酸から窒素分子に（脱窒菌），硫酸を硫化水素に（硫酸還元菌），二酸化炭素をメタンに（メタン生成菌）にそれぞれ還元する経路が知られている。いずれも化学合成従属栄養菌の偏性嫌気性菌が行う。硫酸還元菌は水田で硫化水素を発生させ，「秋落ち」(p.38参照)をひき起こす。湖沼でメタンガスが発生するのはメタン生成菌 (p.40参照) によるものである。また多くの通性嫌気性菌はフマル酸をコハク酸に還元する。

2．タンパク質の代謝

タンパク質とその構成成分である20種類のアミノ酸は生物にとって重要であるが，エネルギー源としてはあまり重要ではない。

（1）タンパク質とアミノ酸の分解

タンパク質はプロテアーゼにより低分子のペプチドまで分解され，さらにペプチダーゼによりアミノ酸にまで分解される。それぞれのアミノ酸は脱アミノ反応，アミノ基転移反応，脱炭酸反応により有機酸やアンモニアなどに分解される。脱炭酸反応は食品腐敗のときのアミン生成の原因にもなる。

（2）タンパク質とアミノ酸の生合成

タンパク質の生合成については，第6章のセントラル・ドグマの項参照（p. 160）。微生物の多くはグルコースと無機のアンモニウム塩からアミノ酸を生合成することができる。アミノ酸は解糖系，ペントースリン酸回路，TCA回路の代謝中間体から合成され，合成される経路によって，グルタミン酸系列，アスパラギン酸系列，ピルビン酸系列，芳香族アミノ酸系列，セリン系列の5つに分けられる。アミノ基転移酵素が重要な働きをしている。

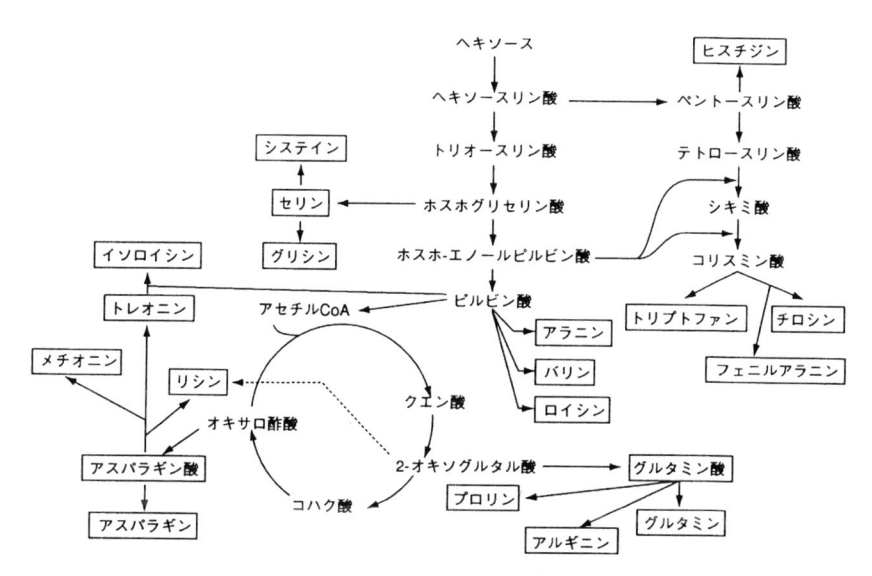

図3-23　アミノ酸の生合成経路

（村尾澤夫・荒井基夫編：『応用微生物学（改訂版）』p. 86, 培風館　1993より）

3. 脂肪の代謝

　脂肪はリパーゼによって分解され，グリセロールと脂肪酸となる。グリセロールはリン酸が結合し，解糖系で代謝される。脂肪酸はアシル-CoA となり，β 酸化と呼ばれる反応で炭素数の2個少ない脂肪酸とアセチル-CoA に分解されて，この反応が繰り返される。生じたアセチル-CoA は TCA 回路で代謝されるため，多量の ATP を生成することとなる。

　一方，脂肪酸の生合成はアセチル-CoA を出発物質としてマロニル-CoA を経て，NADPH を消費しながら炭素数が2個ずつ伸長する。

4. その他の物質代謝

　核酸塩基やビタミンもアミノ酸同様に，微生物は一般に単純な化合物から自分の細胞内で必要な化合物を生合成できる。生合成経路はアミノ酸と一部重複している経路もあり，微生物により若干異なる。生合成経路や一部分の反応を触媒する酵素が欠落していると，乳酸菌などのようにアミノ酸やビタミンの要求性を示すこととなり，培地に添加する必要が生じる。

　一部のアミノ酸やビタミンを培地に添加しないと生育できない乳酸菌や突然変異株などを用い，その生育と化合物の添加量が相関することを利用して微量の化合物の定量を行う方法があり，**バイオアッセイ**（bioassay）と呼ぶ。また逆に抗生物質のように生育阻害の度を測定してその濃度を求める場合もある。

　細胞の内外に蓄積され，生体中の役割があまり明確でないが，ヒトに対して有益な化合物（抗生物質，色素など）や，逆に有害な化合物（カビ毒素など）を2次代謝産物と呼び，それに対し菌体にとり重要な物質を1次代謝産物と呼ぶ。

5. 代謝調節と酵素

　細胞内にはある時期に必要な成分が不足せず，また過剰にならないよう代謝を調節するさまざまな機構が存在する。必要な成分を生合成する反応は，酵素タンパク質で触媒されるため，酵素の活性を調節することが重要になる。調節の方法は2つに大別される。生成される酵素の量を調節する場合と，すでに生

成されている酵素の活性を調節する場合である。

(1) 酵素の生合成の制御

1) 誘導酵素　培地にラクトースのような特定の化合物が存在すると、多量に生成されるガラクトシダーゼ（ラクトース分解酵素）のような酵素を**誘導酵素**（inducible enzyme）という。誘導を引き起こす物質を**誘導物質**（inducer）といい、DNA レベルの調節となっている。培地に誘導物質がない場合は、不要な酵素を作らないために、調節遺伝子から発現した**リプレッサータンパク質**（repressor）が DNA 上のオペレーター部分に結合し、酵素タンパク質の発現を抑えている。誘導物質が存在するとリプレッサーと結合して、酵素遺伝子の発現が起きるようになる（図3-25）。一方、生育条件に無関係に常に生成されるような酵素は**構成酵素**（constitutive enzyme）と呼ばれる。

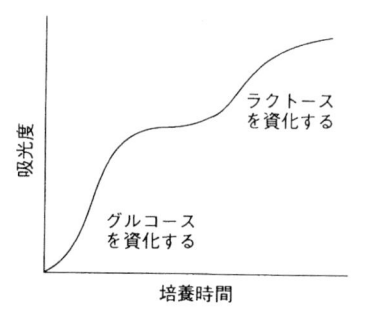

図3-24　2段階生育の模式図

培地にグルコースとラクトースのように2種の炭素源があり、一方は誘導酵素で代謝される場合、先にグルコースが代謝され、その後でラクトースが代謝される2段階の生育が見られる。これを**2段階生育**（ジオーキシー, diauxie）と呼ぶ（図3-24）。グルコースが誘導物質の取り込みや誘導酵素遺伝子の転写を抑制するためで、グルコース効果、あるいは広くカタボライト・リプレッションと呼ばれる。

2) フィードバック・リプレッション（フィードバック抑制, feedback repression）　アミノ酸などの生合成経路では、最終産物のアミノ酸によって、生合成の酵素生成が抑制される。過剰なアミノ酸が生産されることを防ぐようになっており、アミノ酸濃度が下がれば酵素の生成が進む。この機構も誘導酵素と同じように考えられている。通常はリプレッサーが不活性となっているが、最終産物がリプレッサーと結合して活性型に変え、DNA と結合することにより酵素の発現が抑えられる（図3-25）。

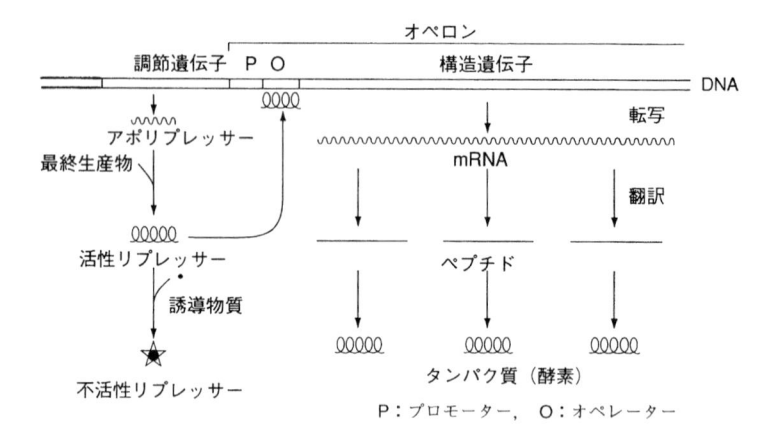

図3-25 酵素の誘導とフィードバック・リプレッションの模式図

(村尾澤夫・荒井基夫編:『応用微生物学(改訂版)』p.104, 培風館 1993より一部改変)

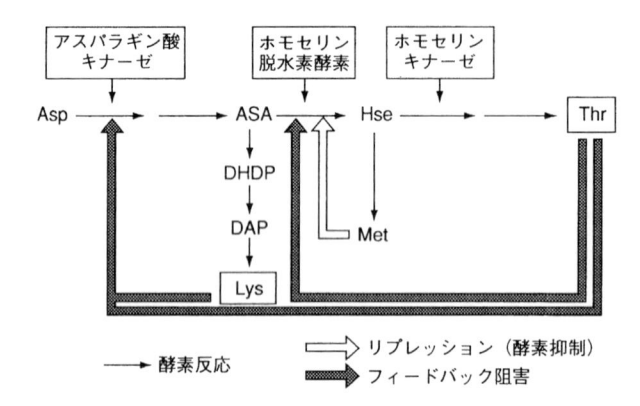

図3-26 アミノ酸発酵に用いられる細菌のリシン生合成経路の代謝調節

(村尾澤夫・荒井基夫編:『応用微生物学(改訂版)』p.183, 培風館 1993)

Asp:L-アスパラギン酸, ASA:アスパラギン酸セミアルデヒド, DHDP:ジヒドロジピコリン酸, Hse:L-ホモセリン;DAP.L-ジアミノピメリン酸, Thr:L-トレオニン, Lys:L-リシン, Met.L-メチオニン

(2) 酵素活性の制御

　生合成経路の最終産物による調節は，すでに生成されている生合成経路上の酵素の活性を阻害することで生合成を抑える場合があり，これを**フィードバック・インヒビション**（フィードバック阻害，feedback inhibition）という。アミノ酸生合成でよく見られる。代謝中間体がフィードバック調節を行う場合もある。基質や生成物と異なる化合物（エフェクターと呼ばれる）が，酵素の活性部位と異なる部位に結合し，活性を阻害したり，逆に高める現象は**アロステリック効果**（allosteric effect）と呼ばれ，それを示す酵素を**アロステリック酵素**（allosteric enzyme）と呼ぶ。

　産業上重要な微生物によるアミノ酸発酵，核酸発酵では，フィードバック・リプレッション，フィードバック・インヒビションのような代謝調節があると，大量のアミノ酸，核酸が生産できない。そのため代謝調節を解除するようなさまざまな工夫がされてきており，栄養要求変異株，アナログ耐性変異株が用いられるが，詳細は成書を参考にされたい。

参 考 文 献

柳田友道：微生物科学1～4，学会出版センター，1981～1984

石川辰夫ほか：微生物科学5，学会出版センター，1985

木村光編：食品微生物学（改訂版），培風館，1988

R.Y.スタニエほか：微生物学（上）（下），培風館，1989

児玉　徹ほか：新エスカ21微生物学，同文書院，1990

友枝幹夫ほか：微生物の性状と機能，弘学出版，1990

村尾澤夫・荒井基夫編：応用微生物（改訂版），培風館，1993

東　匡伸・小熊恵二編：シンプル微生物学（改訂版），南江堂，1995

緒方幸雄ほか編：微生物学・免疫学，医学教育出版，1995

川名林治監：標準微生物学，医学書院，1996

微生物研究法懇談会編：微生物学実験法，講談社，1975

浅田祥司ほか：総合食品学実験，建帛社，1989

第 3 章　微生物の生理

日本生化学会編：微生物実験法，東京化学同人，1992
粕川照男：食物保存の知恵，研成社，1985
藤原喜久夫・粟飯原景昭監：食品衛生ハンドブック，南江堂，1992
德岡敬子：ジャパンフードサイエンス，32（4），p.52-58（1993）
石井泰造監：微生物制御実用辞典，フジ・テクノシステム，1993
相田浩ほか：アミノ酸発酵，学会出版センター，1996
志村憲助・西澤一俊編：新・入門酵素化学（改訂版），南江堂，1995
乳酸菌研究集談会編：乳酸菌の科学と技術，学会出版センター，1996
H.ロディシュほか：分子細胞生物学（上）（下），東京化学同人，1997
今堀和友・山川民夫監：生化学辞典（第4版），東京化学同人，2007

第4章
微生物の利用

1. 食品加工への利用

1. 調味料
(1) 味　　噌

　味噌は，麹菌の作用を利用したわが国独自の食塩を含む大豆の発酵熟成食品である。そのルーツは中国での醤や鼓^{ひしお　し}とされ，朝鮮半島経由で日本に伝来し，わが国の"味噌"と称するものになったと考えられている。

　味噌品質表示基準によると，米味噌，麦味噌，豆味噌，調合味噌に分類される。一般には，その用途により普通味噌と加工味噌（萱味噌と乾燥味噌）に大きく分類され，普通味噌は原料，製品の味・色調の程度，産地・銘柄などによって細かく分類されており，それぞれの味噌は図4-1のようである。一般的な米味噌の製造工程の概要は図4-1に示す通りである。

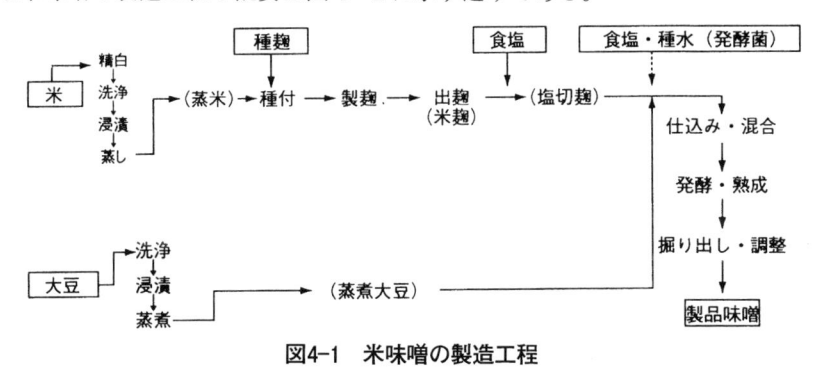

```
                種麹              食塩      食塩・種水（発酵菌）
                 ↓                 ↓             ↓
     →精白                                                
 米  →洗浄 →(蒸米)→種付→製麹→出麹 →(塩切麹)→
     →浸漬                        (米麹)         ↓
     →蒸し                                   仕込み・混合
                                                  ↓
                                              発酵・熟成
                                                  ↓
     →洗浄                                   掘り出し・調整
 大豆 →浸漬 ────→(蒸煮大豆)──────→       ↓
     →蒸煮                                   製品味噌
```

図4-1　米味噌の製造工程

表4-1 味噌の分類および主な銘柄, 産地, 原料比

原料	味・色		主な銘柄もしくは産地	麹歩合	食塩(%)	醸造期間
米味噌	甘	白	白味噌, 西京味噌, 府中味噌, 讃岐味噌	20～30	5～7	5～20日
		赤	江戸甘味噌	12～20	5～7	5～20日
	甘口	淡色	相白味噌(静岡), 中甘味噌	8～15	7～11	5～20日
		赤	中味噌(瀬戸内海沿岸), 御膳味噌(徳島)	10～20	10～12	3～6ヶ月
	辛	淡色	信州味噌, 白辛味噌	5～12	11～13	2～6ヶ月
		赤	仙台味噌, 佐渡味噌, 越後味噌, 津軽味噌, 北海道味噌, 秋田味噌, 加賀味噌	5～12	12～13	3～12ヶ月
麦味噌	淡色系		(九州, 中国, 四国)	15～30	9～11	1～3ヶ月
	赤系		(九州, 埼玉, 栃木)	10～15	11～12	3～12ヶ月
豆味噌	辛	赤	八丁味噌, 名古屋味噌, 三州味噌, 二分半味噌		10～12	

注) 色による区分で白はクリームに近い色, 淡色は淡黄色ないし山吹色, 赤は赤茶色ないし赤褐色を指す。
(野白喜久雄ほか:『醸造の辞典』p.442,443, 朝倉書店 1988より作表)

米は精白後, 蒸米とされ, 米デンプンはα化される。これに種麹として *Aspergillus oryzae* (黄コウジカビ) を混合し (種付け), 製麹を行い, 米麹を作り, 食塩を添加し塩切り麹を作る。

大豆は蒸煮され, 麹菌のプロテアーゼの作用を受けやすくなる。

つぶした大豆, 塩切り麹, 食塩および種水 (水分調整のために加える滅菌水のことで種微生物を添加する) を混合して, 仕込容器 (発酵タンクなど) に均一に詰め込み仕込みを終わり, 品温を管理し発酵・熟成させる。

自然気温下で熟成させる方法 (天然醸造) もあるが, 通常は品温調整 (加温)

を行う。熟成期間は味噌の種別によりかなり異なっており，熟成度の判定を行い製品・出荷となる。

味噌の醸造に関与する微生物

製麹での麹菌はほとんどの場合がプロテアーゼとアミラーゼの強い *Aspergillus oryzae* が用いられる。仕込み工程での種微生物として，主に耐塩性の酵母として *Zygosaccharomyces rouxii* が，後熟酵母として *Candida* 属の酵母が，乳酸菌としては *Tetragenococcus halophilus* が用いられる。普通，味噌1g当たり，酵母は10^6個，乳酸菌は10^6個程度添加される。

これらの微生物は，味噌の熟成期間中，麹由来の酵素作用によるタンパク質の分解とペプチドおよびアミノ酸の生成，デンプンの糖化などの原料成分の低分子化にともない酵母によるアルコール発酵と乳酸菌による有機酸の生成，エステルの生成などの作用に寄与する。さらに，生成物間の相互反応により，味噌の旨味・風味・色調の醸成がなされる。

その他各種の味噌

麦味噌は，主原料が麦となり，製造工程は米味噌に準じたものである。

豆味噌は，米・麦を使用せず，蒸した大豆のみで作った麹と食塩で仕込んだものである。

調合味噌は，前述の味噌を配合したもの，あるいは混合した麹を用いたもの，またはこれ以外の穀物を原料として用いたものである。

嘗味噌(なめみそ)は，醸造嘗味噌（金山寺味噌，ひしお味噌など）と加工嘗味噌（鉄火味噌，柚子味噌など）で，乾燥味噌は各種味噌を乾燥し，粉末状または顆粒状にしたものでラーメン用調味料などに用いられる。

他に，ビタミンA，B_1，B_2，カルシウムなどを強化した「栄養強化味噌」，「低ナトリウム（減塩）味噌」（同種食品より50%以下のNa含量），甘塩，マイルドなどと表示された「低食塩化味噌」（同20%程度低減）などがある。

(2) 醤　　油

わが国の伝統的な調味料である醤油は，大豆（脱脂加工大豆）と小麦を原料として麹を作り，塩水中で発酵させたもろみ（諸味）を搾汁したものである。

日本農林規格によると，醸造方法により本醸造方式（微生物の働きを利用したもの），新式醸造方式（原料植物タンパク質の酸加水分解物を利用したもの），アミノ酸液酵素処理液混合方式（本醸造または新式醸造にアミノ酸液または酵素処理液を混合したもの）に大別されるが，品質のよい本醸造方式が圧倒的に多い。また，その主原料ほかによって濃口，淡口，溜，再仕込み，白の5種類に分類される。

本醸造方式による濃口醤油の主な製造工程は図4-2に示す通りである。

醤油の原料は，大豆，小麦，食塩，種麹および水である。タンパク質原料としての大豆は丸大豆と脱脂加工大豆とがあるが，今日では多くの場合，脱脂加工大豆が用いられる。脱脂加工大豆は吸水，加圧蒸煮され，麹菌のプロテアーゼの作用を，小麦は炒煎，割砕され，アミラーゼの作用を受けやすくなる。

蒸煮大豆と割砕小麦を混合し，種麹（*Aspergillus sojae* など）を種付けし，機械製麹装置などを用いて製麹を行う。

次に，麹を食塩水と混合して発酵タンクに仕込み（もろみ造り），6ヶ月～8ヶ月発酵・熟成させる。この工程で酵素作用による原料の分解，もろみ中の微生物による発酵・熟成経過を経て醤油特有の香味と色調の基本が醸成される。

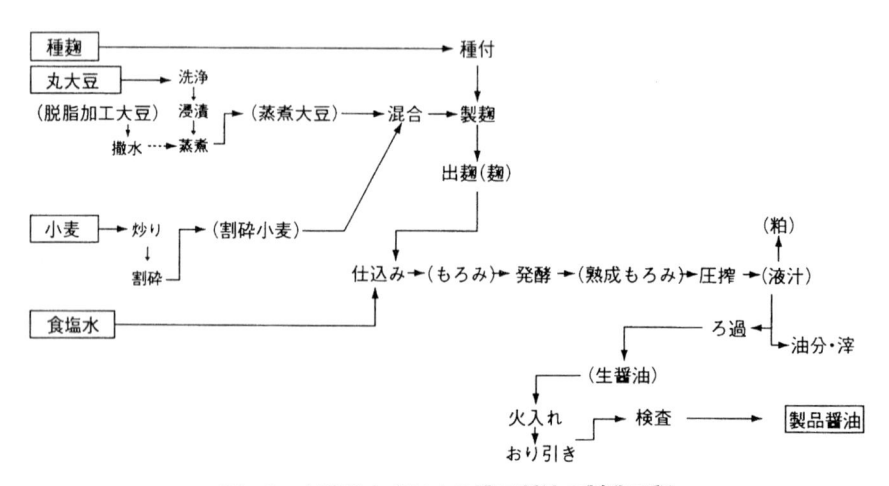

図4-2 本醸造方式による濃口醤油の製造工程

熟成もろみは圧搾，ろ過され，液汁部と固形部（粕）に分ける。液汁部は清澄用タンク内で静置し，上層の油分と下層にたまる滓（おり）を除去して，ろ過し，生（き）醤油とする。

生醤油は，加熱する（火入れ）ことで残存の乳酸菌や酵母などの殺菌，残存酵素の失活と生醤油への醤油らしい色沢と香りの付与・調整が図られる。火入れ後，酵素タンパクの変性による混濁物が発生するので数日間かけて沈降，除去し，清澄な醤油とし，びんなどの容器詰めを行う。

醤油の醸造に関与する微生物

製麹での麹菌はほとんどの場合が *Aspergillus sojae* であり，アミラーゼよりもプロテアーゼが強く，かつ香気形成能がすぐれることが求められる。

もろみ熟成工程での微生物としては17〜18％程度の食塩濃度下でもよく活動することが求められ，主に耐塩性の主発酵酵母として *Zygosaccharomyces rouxii* が，後熟酵母として *Candida* 属の酵母が，乳酸菌としては *Tetragenococcus halophilus* などがあげられる。もろみ中の微生物の生育パターンを概念図として図4-3に示す。

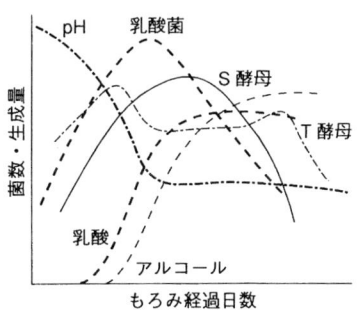

図4-3　もろみ中の微生物の動態と乳酸，pH，アルコールの変化
（野白喜久雄ほか『醸造の辞典』p.405, 朝倉書店 1988）

もろみ熟成期間中，醤油の旨味成分の主体といえる麹菌由来のプロテアーゼによるタンパク質分解とアミノ酸の生成とアミラーゼによるデンプンの糖化などの原料成分の低分子化が進み，酵母と乳酸菌による発酵と生成物間の相互反応により，醤油の旨味・香味・色調の醸成が進行する。

その他各種の醤油

淡口醤油は，できるだけ色沢の濃化を抑制する以外は，基本的には濃口醤油と同じであるが，塩分，糖分がやや多く，主に関西で好まれる。

溜醤油は，大豆が主体で，濃口醤油に比べて含窒素分が高く，味が濃厚であ

る。現在は主として愛知・三重・岐阜県が主産地である。

　白醤油は，精白小麦が主体で，濃口醤油に比べて熟成期間が格段に短く（2～3ヶ月），淡口醤油よりさらに色沢が淡麗で甘味の濃い醤油である。愛知・千葉・群馬県で生産され，淡白さを求める料理，加工食品に利用される。

　これ以外に，含窒素分が高く濃厚な醤油の一種で，甘露醤油ともいわれる「再仕込み醤油」，ナトリウム含量が通常の醤油の50％以下の「減塩醤油」，うす塩・あさ塩などの表示がなされ，食塩分が普通品の50～80％未満の「うす塩醤油」などがある。

（3）食　　　酢（vineger）

　食酢は酢酸を3～5％含み，各種の揮発性および不揮発性有機酸類も含み，アミノ酸類，糖類，エステル類などの微量成分も芳香や風味を与えている調味料であり，原料や製法，ブレンドの違いにより多様な種類がある。

　食酢は日本農林規格によると醸造酢と合成酢に大別される。醸造酢はエチルアルコールから酢酸菌の酸化作用（酢酸発酵）を用いて作る酢であり，エチルアルコールを得るためにデンプン質原料（米，穀類，酒粕）を用いた穀物酢，ブドウ，リンゴなどの果実の搾汁を用いた果実酢（ブドウ酢，リンゴ酢），変性アルコール*を用いた醸造酢（アルコール酢）が含まれる。合成酢は微生物が関与せず，化学合成された酢酸を主体としていろいろな材料を混和調合して製造したもの（醸造酢を60％以上含むこと）である。これ以外に，加工酢として各種ポン酢，合わせ酢などがある。

　以下に，変性アルコールを用いた醸造酢（アルコール酢）の製造方法について述べる。

　原料アルコールを希釈して5％前後とし，酢酸菌の培養液（種酢あるいは酢母）と栄養源や呈味料として含窒素物，無機塩類，糖類などを加え，仕込み容器内で酢酸発酵・熟成を行う。ろ過，調整後製品とする。

　＊変性アルコール：通産省令第12号により，アルコール200Lにつき，混和すべき変性剤とその数量5種の変性法のうち1種を用い，変性を行うことになっている。

食酢醸造に関与する微生物

食酢醸造に適した酢酸菌としては *Acetobacter aceti*, *Gluconobacter suboxydans* などがあげられる。生酸量が多く生酸速度が速い，酢酸以外に各種有機酸や芳香性のエステル類を生成し，製成した酢酸をさらに分解しないなどの性質が求められる。通常，酢酸菌は単独では用いられず数種が併用される。

酢酸発酵の化学反応は以下のように説明される。

好気的条件下では，

$$CH_3CH_2OH \rightarrow CH_3 \cdot COOH + H_2O$$

嫌気的条件下では，

$$2CH_3CHO + H_2O \rightarrow CH_3CH_2OH + CH_3 \cdot COOH$$

上記の酢酸発酵を行う食酢製造法として表面発酵法（静置発酵法）と全面発酵法（深部発酵法）などが用いられる。

(4) そ の 他

上記の調味料以外に，甘味調味料としてみりんがあげられる。

みりんは，蒸したもち米と米麹を15～20％程度のアルコール存在下で熟成する方法で醸造される。清酒のように酵母による発酵工程はなく，醸造期間中に，米麹中のアミラーゼやプロテアーゼなどの諸酵素により，原料であるもち米や米麹中のデンプンやタンパク質などが分解されて種々の可溶性呈味成分，特にグルコースが多量に作られたものである。

2．アルコール飲料

アルコール飲料はその種類が多く，表4-2に示すように，その製法の形式により発酵酒，蒸留酒，混成酒に大きく分類される。

発酵酒は，デンプンまたは糖分を含む被発酵性の物質を糖化，発酵させて製造し，飲用とするものである。単発酵酒と複発酵酒に大別され，前者は糖分を含む物質を原料としアルコール発酵を，後者はデンプンを含む物質を原料とし糖化とアルコール発酵を行うものである。複発酵酒は，糖化を行った後に発酵を行う単行複発酵酒と糖化と発酵を同時に行う並行複発酵酒に分類される。

表4-2 酒の種類

発酵酒	単発酵式*		ブドウ酒(ワイン)・りんご酒・その他の果実酒およびケフィアなど
	複発酵式	単行複発酵式**	ビール
		並行複発酵式***	清酒，にごり酒，赤酒，紹興酒
蒸留酒			ウイスキー，ジン，ウオッカ，焼酎，ラム，ブランデー
混成酒			再製酒　　みりん，白酒，紅酒など 合成酒　　合成清酒など 薬　酒　　各種薬用酒など リキュール　キュラソー，アブサンなど

発酵形式の概略図

* 単発酵式　　　　糖 —（酵母）→ アルコール

** 単行複発酵式　デンプン —（糖化酵素）→ 糖 —（酵母）→ アルコール

*** 並行複発酵式　デンプン ⇄ 糖 → アルコール
　　　　　　　　　　　　　　（糖化酵素）（酵母）

　蒸留酒は，アルコールを含む物質を原料とし，蒸留して製造するものである。

　混成酒は，酒類またはアルコールに香料，糖類，果汁，色素などを添加して製造するものである。

（1）清　　酒（sake）

　清酒は，日本古来の伝統的醸造酒であり，米を原料とし，米麹で糖化し，開放発酵方式による，糖化とアルコール発酵を同時に行う並行複発酵でもろみの発酵を行い，アルコール含量20％に及ぶ高濃度アルコールを生成させたものである。

　清酒醸造の原料は米，水，種麹および清酒酵母である。

　米は醸造好適米が用いられ，大粒で軟質などの特質をもつことが求められる。水は酒質に大きく影響し，無色，無臭で異味がなく，鉄やマンガンが少ないことが求められる。種麹は蒸米に性質の異なった2～3種の黄麹菌を繁殖させ，

1. 食品加工への利用   93

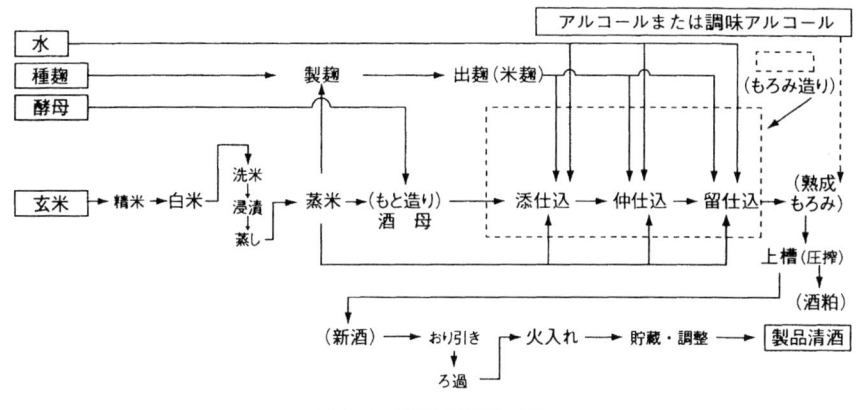

図4-4 清酒の製造工程

多量の胞子を着生させたものでアミラーゼを多量に生産し，デンプンの糖化に重要な働きをする。清酒酵母はもろみをアルコール発酵させるための優良酵母を純粋培養したものである。

主な製造工程は図4-4に示す通りである。原料米は製品により異なるが，一般に，精米歩合70～75％まで精米し，蒸米とされ，麹菌の生育と酵素の作用を受けやすくなる。また，蒸しの代わりに高温の空気中で短時間加熱する方法（焙炒処理[1]という）も開発され，実用化されている。

醸造工程（製麹，もと造り，もろみ造り）と圧搾・製成工程

1）製　麹　蒸米に種麹を添加し，麹菌を繁殖させる工程である。蒸米の溶解・糖化をつかさどる酵素の供給，酵母の増殖・発酵を促進する栄養因子の供給をはじめとして，製麹中に蓄積された麹菌の代謝物は製品の酒質形成に大きく寄与する。製麹法としては，麹蓋法，機械製麹法などが利用されている。

伝統的な麹蓋法では，その一連の工程で多大の労力のみならず，経験と技術を要した。しかし，自動製麹機の導入により人手に触れることなく麹の製造が可能となり，細菌汚染の大きな原因が取り除かれた。

2）もと造り（酒母造り）　もろみを発酵させるのに必要な大量の清酒酵母を培養する工程である。この工程は開放発酵で行われ，乳酸の酸性下で雑菌の繁殖を抑えながら，接種した優良清酒酵母のみを健全に培養することが求

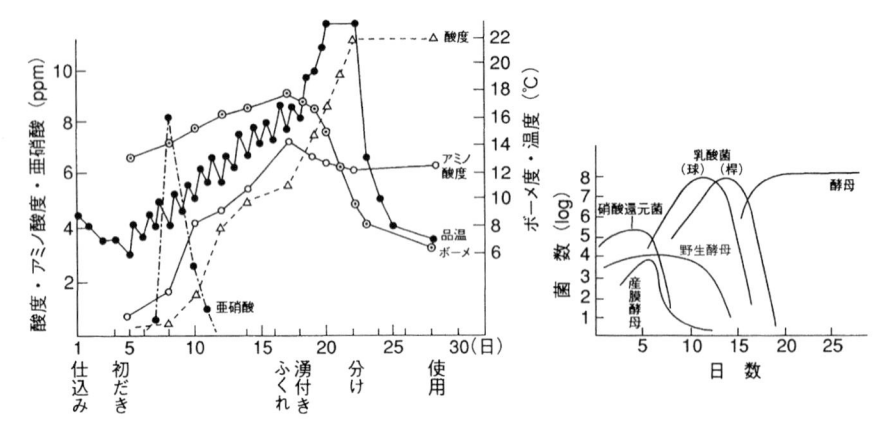

図4-5 山廃酒母の製造経過と成分変化　　**図4-6 山廃酒母育成中の微生物の遷移**

(両図とも，大塚謙一編著：『醸造学』p.32, 33，養賢堂　1985)

められる。この乳酸を麹由来の乳酸菌による発酵によって生成させ，酵母を培養する場合を生もと系酒母，市販乳酸菌を添加する場合を速醸系酒母と呼ぶ。生もと系酒母つくり「山廃もと」ではもとの仕上げまで25日程度を要する。この期間中の成分の消長は図4-5に，微生物の遷移のモデルは図4-6に示す。

速醸系酵母の「速醸もと」は，仕込み時に乳酸と清酒酵母を加える。蒸米の溶解と糖化を促進させ，仕込み時に純培養酵母を多量に添加するので短期間（山廃もとのほぼ半分の期間）でもとの育成が終了する。他の操作は山廃もととほぼ同じである。

3）もろみ造り　　もとに汲み水，麹米，蒸米を一定の割合で配合したものがもろみである。もろみは清酒醸造の最も重要な工程である。その特色は麹による蒸米の糖化と酵母による発酵が同時にバランスよく行われる並行複発酵方式と次に述べる三段仕込みにある。

もろみは汲み水，麹米，蒸米を順次増量しながら，3回に分けて仕込まれる。これは，一度に，酒母に多量の原料を添加すると，酸度が極端に低下し，有害菌が繁殖しやすくなるからである。第1日目（初添え）は約12℃で仕込み，2日目は仕込みを休み（踊りと呼ぶ），酵母の再増殖を図る。3日目に2回目の仕込み（仲添え）を行う。4日目に3回目の仕込み（留添え）を行う。仕込み温

度は初添えで約12℃，仲添えで9～10℃，留添えで7～8℃と順次低くなる。12日目頃には，品温が15℃くらいまで上昇し，この温度を5～7日間維持する。その後，品温は低下し，生成酒の酒質にあわせ品温の調節を行う。20～25日でアルコール濃度20～22％に達する。製造方法によっては，蒸米を酵素で糖化した甘酒（仕込みとしては四段目）やアルコール（アル添）などを添加する場合もある。

また，米のデンプンをα-アミラーゼで液化して蒸米を使う代わりに用いる方法（融米仕込み[1]）が開発され，実用化されている。この方式の特長は従来法と比較してもろみの流動性の向上，発酵の均一化などがあげられる。

4）圧搾・製成工程 熟成もろみを袋に入れ，圧搾機で圧搾して，清酒（液部）と酒粕（固形部）に分ける（上槽）。上槽直後の清酒は白濁しているので，冷所で滓を沈殿させた後，上澄みをとる（滓引き）。この状態で生酒となり，一般の清酒は酸敗，変質を防ぐため60～65℃に加熱され，殺菌，残存酵素の不活化などが図られる（火入れ）。さらに，香味の調熟を図るため貯蔵し，熟成を行ってから，容器詰めして市販される。

清酒醸造に関与する微生物

清酒麹に使用しているものは *Aspergillus oryzae* に属するもので，蒸米によく繁殖し増殖速度が速く，胞子の着生がよい，酵素（α-アミラーゼ，グルコアミラーゼ，酸性プロテアーゼ，酸性カルボキシペプチダーゼなど）の生産量が高く，代謝産物は少ないことなどが求められる。

清酒酵母は，大半の酵母と同様に *Saccharomyces cerevisiae* に分類され，乳酸耐性，アルコール耐性，マルトースをほとんど発酵しないなどの特徴をもつ。

清酒製造は開放状態で行われるため，野生酵母による汚染も受けやすい。

乳酸菌は生もと系酒母の製造時での有用菌として以外は汚染菌として扱われる。その他に清酒を白濁腐敗させる *Lactobacillus heterohiochii*, *L. homohiochii*（火落菌）も有害菌である。

(2) ビ ー ル (beer)

　ビールは，麦芽を用いて糖化し，糖化とアルコール発酵を区別して行う単行複発酵でアルコールを生成させたものである。酵母の発酵形式により，上面発酵ビールと下面発酵ビールに大別される。上面発酵ビールは主にイギリス，アイルランドで生産され，世界的には下面発酵ビールが主流となっている。また，色の濃淡によって濃色ビールと淡色ビールに分類される。

　ビール醸造の主原料は大麦，ホップ，水とビール酵母であり，副原料として米，コーンスターチなどを用いることもある。

　ホップはクワ科に属するつる性の宿根多年生植物であり，未受精の雌花を使用する（図4-7）。ビールに苦味と独特の芳香（ホップ香）の付与，ビールの清澄化などの役割があげられる。これらはホップ中のルプリンと呼ばれる顆粒中の成分（フムロン類，ルプロン類）に由来する（図4-8）。ペレット状に加工されたもの（ホップペレット）を利用することも多い。

　醸造用水は他の酒類と同様，製品の品質等に大きな影響をもち，有害成分としては鉄イオンなどがあげられる。

　ドイツ以外の多くの国では，麦汁中の発酵性糖分の供給源として麦芽以外に，糖質副原料として，デンプン質原料（米，コーンスターチなど）や糖質原料（砂糖，ブドウ糖など）が用いられている。味わいの調整，光沢，混濁耐久性の向上といった品質上の役割があげられる。

アシル側鎖（R）	α-酸（Ⅰ）	β-酸（Ⅱ）
$-CH_2CH(CH_3)_2$	Humulone	Lupulone
$-CH(CH_3)_2$	Cohumulone	Colupulone
$-CH(CH_3)CH_2CH_3$	Adhumulone	Adlupulone
$-CH_2CH_3$	Posthumulone	Postlupulone
$-CH_2CH_2CH(CH_3)_2$	Prehumulone	Prelupulone

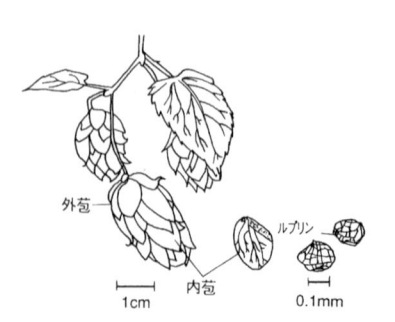

図4-7　ホップ毬花とルプリン　　　　図4-8　ホップの化学構造

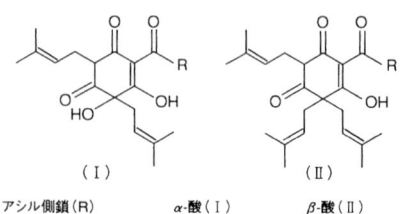

（両図とも，大塚謙一編著：『醸造学』p.89，養賢堂　1985より）

1. 食品加工への利用　97

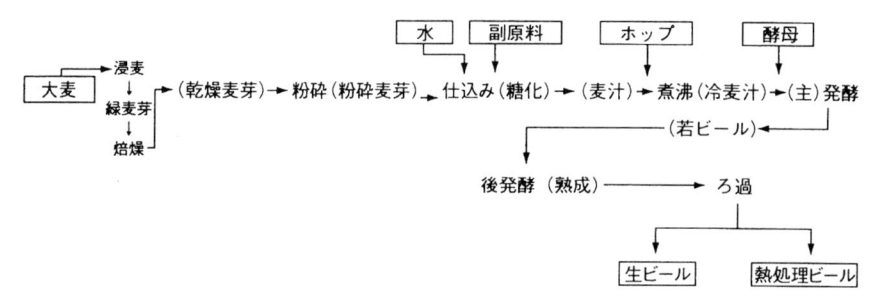

```
                    ┌─水─┐┌副原料┐  ┌ホップ┐  ┌酵母┐
大麦─┬→浸麦─→緑麦芽─(乾燥麦芽)→粉砕(粉砕麦芽)→仕込み(糖化)→(麦汁)→煮沸(冷麦汁)→(主)発酵
     └→焙燥                                              ├──(若ビール)──┤
                                    後発酵(熟成)─────→ろ過
                                                          ├─────┬─────┤
                                                       生ビール   熱処理ビール
```

図4-9　ビールの製造工程

　ビールの製造はその種類により多少異なるが，工程の概略は図4-9に示す通りである。

　大麦を発芽（穀粒全長の2/3程度）させて麦芽（malt）を作る。麦芽は麦汁製造で必要なデンプンと α-アミラーゼ，β-アミラーゼやプロテアーゼをはじめとして，ビタミン，ミネラルなどの供給源となっており，清酒製造での米麹と蒸米の役割を兼ねている。できあがった麦芽は焙燥，粉砕され，適当量の醸造用水，副原料を用いて糖化を行う（仕込み）。仕込みの間に，麦芽中のアミラーゼの作用により，デンプンはデキストリンやマルトースなどの発酵性糖類に分解される。同時に，タンパク質もアミノ酸に分解される。

　糖化終了後，ろ過して清澄な麦汁（wort）とする。これにホップを加え，煮沸する。煮沸が終了した麦汁はホップ粕が除かれ，冷却後，タンパク質凝固物などの熱凝固物が除かれ，発酵槽に送られる。

　冷麦汁に純粋培養したビール酵母を添加し，アルコール発酵を行う。発酵工程は，伝統的醸造法では発酵性糖類の90％がアルコールに変換される主発酵工程（発酵温度の調整を行い，6～10℃で6～10日間）と主発酵の終了した発酵液（若ビール）をより緩慢な発酵に委ねる後発酵（熟成）工程（0～-1℃で数週間～2ヶ月）に分けられる。アルコール度数は製品により異なるが5％前後である。

　後発酵中に，若ビール特有の未熟な風味や香が除かれ，残留タンパク質などの析出沈殿により清澄化し，炭酸ガスがビール中に十分に溶け込む。

後発酵が終了し，十分に熟成したビールは貯酒タンクから取り出し，ろ過し，びん(缶)詰め，または樽詰めされる(生ビール)。その後必要に応じて，低温殺菌法(60℃，15～20分)，または瞬間殺菌法(70℃，20～60秒)での加熱殺菌が行われる(ラガービール)。

近代化された醸造法は，発酵(酵母増殖・エタノール生成)→熟成(若臭物質分解)→仕上げ(低温による除濁，沈降)という一連の工程が温度管理され，大容量のシリンドコニカルタンク内で行われる。

ビール醸造に関与する微生物

ビール酵母は，発酵中に酵母菌体が液面の表層部に凝集してくる上面酵母(Saccharomyces cerevisiae Hansen)と下底に沈降していく下面酵母(S. pastorianus Hansen)の2種類がある。他の醸造用酵母と比較してマルトースとマルトトリオースに対する発酵力が強い。

(3) ブドウ酒(ワイン, wine)

果実酒の代表的なものとして，**ブドウ酒**(ワイン)があげられる。

ブドウ酒は，ブドウ果汁を酵母によりアルコール発酵させて製造したものであり，原料ブドウの種類やその製造法によって，赤ワインと白ワイン，発泡性ワインと非発泡性ワインなどがある。

ブドウ酒用の原料ブドウは，欧州系の品種とアメリカ系の品種に大別される。

ブドウ酒の主な製造工程は図4-10に示す通りである。

原料ブドウ(赤ワインは黒・赤紫系，白ワインは黄・緑系(または果皮の赤いも

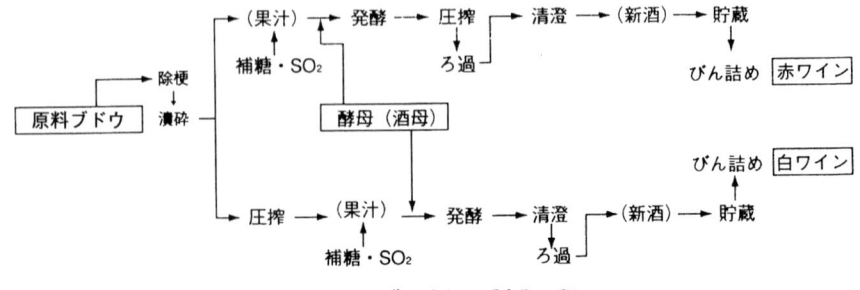

図4-10　ブドウ酒の製造工程

の）のブドウ）を収穫・選別し，破砕機を用いて，除梗と破砕を行う。赤ワインの場合はそのまま，白ワインの場合は搾汁して発酵タンクに移す。この際，果汁糖分が22％前後あれば十分であるが，必要に応じて補糖を行う。ついで，野生酵母やバクテリアなどの有害菌に対する静菌・殺菌作用，ポリフェノール類の酸化防止，色素やタンニンなどの溶出の促進・安定化などのために，亜硫酸を添加する。次に，酒母としてワイン酵母を添加する。自然発酵を行う場合もあるが，一般には，培養した優良酵母を添加し，アルコール発酵を行う。

赤ワインでは25～27℃で7～10日間発酵させる（主発酵）。その後，発酵液を抜き，果皮部を圧搾機で搾り，汁液を一緒にして糖分がなくなるまで再度発酵させる（後発酵）。

白ワインでは，15～20℃で，約2週間を要し，甘口とする場合は発酵後期に亜硫酸を添加するとともに，急冷して発酵を抑える。白ワインの場合，甘口から辛口まで幅広いタイプがあり，予定した残糖分となった時点で発酵を停止させるのが一般的である。

発酵が終了したワインは滓引きが行われ，酵母や不溶性タンパク凝固物などが除かれる。

清澄となった赤ワインは樽詰めされ，2～3年貯蔵し熟成を図る。その後，ろ過してびん詰めされ，さらに熟成が行われる。白ワインは多くの場合，樽貯蔵を行うことは少なく，タンク貯蔵後，びん詰め，熟成が図られる。

ワイン醸造に関与する微生物

ワイン酵母は，発酵速度，濃糖耐性，SO_2耐性，低pH耐性，アルコール耐性などを基準に選ばれ，*Saccharomyces bayanus*に属する。各種細菌は有害なものが多いが，一部の乳酸菌は樽貯蔵中にリンゴ酸を乳酸と炭酸ガスに分解し，香味の改善に寄与している。これをマロラクティック発酵（malo-lactic fermentation（MLF））といい，酸味の強いワインの減酸に積極的に利用されている。

ワイン醸造上重要な意義をもつカビとしては，*Botrytis cinerea*があげられる。これが完熟白系ブドウ果皮上に繁殖したものを貴腐ブドウといい，貴腐ワ

インの原料果として珍重されている。

その他のブドウ酒として、バラ色ブドウ酒（ロゼワイン）や発酵ガスがブドウ酒中に閉じ込められた発泡性ワインがある。他に、スペイン南西部で造られる白ブドウ酒のシェリー酒や、またポートと呼ばれる甘口のブドウ酒のほか、フレバードワインがある。

(4) 蒸 留 酒

蒸留酒は、醸造酒またはそのもろみを蒸留して製造するものである。

蒸留酒には、焼酎（単式蒸留・連続式蒸留）、高粱酒、ウイスキー、ウオッカ、ジン、テキーラ、ブランデー、ラムなどがあり、原料としては、穀果、甘藷（糖蜜）、いも、穀類、果実等が用いられる。

1) 焼 酎　焼酎は単式蒸留焼酎（旧乙類、本格焼酎）と連続式蒸留焼酎（旧甲類、ホワイトリカー）に大別される。

単式蒸留焼酎は穀類やいも類などのデンプン原料を糖化しアルコール発酵をさせたもろみをポットスチル（単式蒸留機）を用いて蒸留したものであり、デンプンの糖化には黒麹菌を生やした米麹を用いる。連続式蒸留焼酎は糖蜜等を原料とし発酵させたもろみを用いてパラントスチル（連続蒸留機）により得られた高純度のアルコールに対して、加水・調整を行ったものである。

ここでは、単式蒸留焼酎の製造法の概略について述べる。

焼酎麹は、原料の溶解・糖化に必要なアミラーゼとプロテアーゼその他の酵素類と雑菌の汚染防止に必要なクエン酸とを供給する役割をもつ。麹の原料としては、主として米を用いるが、麦を用いる場合もある。種麹菌としては、*Aspergillus luchuensis*, *A. saitoi* 等の黒麹菌、または *A. kawachii* の白色変異株が用いられ、クエン酸生成能が高いこと、強酸下でも糖化力やタンパク質分解力の失活しない酵素を生産することなどが特徴である。

焼酎のもろみは1次もろみ（酒母）と2次もろみ（本もろみ）に分けられる。1次もろみは、麹と水に純粋培養した焼酎酵母を混ぜて、酒母に相当する1次もろみを作る。2次もろみは1次もろみの容器（ステンレスタンク等）に蒸した各種デンプン原料と水を加えて、糖化とアルコール発酵を並行して行う。2

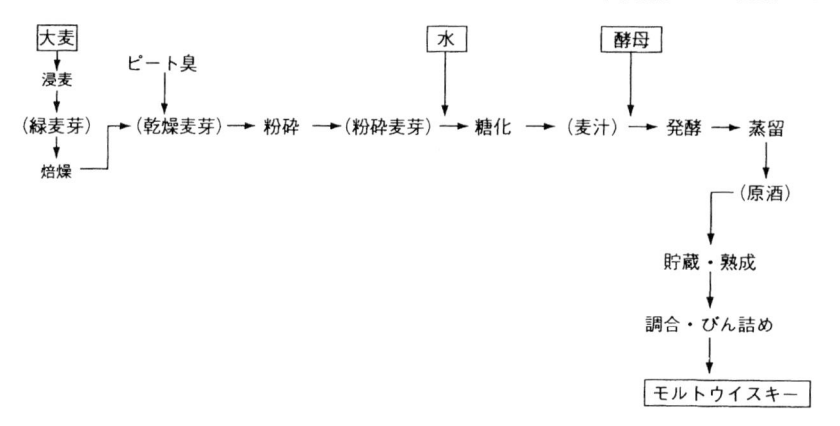

```
大麦         ビート臭         水      酵母
 ↓            ↓            ↓      ↓
浸麦
(緑麦芽) → (乾燥麦芽) → 粉砕 → (粉砕麦芽) → 糖化 → (麦汁) → 発酵 → 蒸留
 ↓                                                              ↓
焙燥                                                         (原酒)
                                                               ↓
                                                          貯蔵・熟成
                                                               ↓
                                                          調合・びん詰め
                                                               ↓
                                                          モルトウイスキー
```

図4-11 ウイスキーの製造工程

次もろみができたら速やかにポットスチルを用いて蒸留を行う。中留区分を貯蔵熟成し，製品とする。

　2）ウイスキー（whisky）　　ウイスキーは大麦の麦芽を用いてデンプンを糖化させ，酵母で発酵させたのち蒸留し，その蒸留酒を樽に詰めて貯蔵熟成させたものである。その種類として，スコッチウイスキーとアメリカンウイスキーに大別され，前者には麦芽ウイスキーと穀粒ウイスキーが，後者にはバーボンウイスキーなどがある。製造工程の概略は図4-11に示す通りである。

a. 麦芽ウイスキー（malt whisky）

　原料として，大麦と大麦麦芽を用いる。麦芽製造時の乾燥工程でピート臭を付与させた後，粉砕麦芽とし，温水を加えて，糖化する。これをろ過し，冷却した後，ウイスキー酵母（*Saccharomyces cerevisiae, S. diastatics*）を加え，アルコール発酵を行う。ウイスキー酵母は，ビール酵母では発酵できない高分子の糖，デキストリンも発酵する性質をもつ。発酵が終了した発酵液（もろみ）を銅またはステンレス製のポットスチルに移し，2回蒸留する。中留部のアルコール濃度は65％程度となる。通常，樫樽に入れて，3年以上熟成させる。熟成中に，アルデヒド類などの不快臭成分の樽剤への吸着，酸化反応の進行，樽成分の溶出などが行われる。通常は，穀粒ウイスキーとブレンドしてブレンデッドスコッチウイスキーとして出荷されている。

b. 穀粒ウイスキー (grain whisky)

原料として，トウモロコシとライ麦を用いる．これらは糖化に先立って煮沸する．麦芽を原料の30％程度加える．糖化および発酵はモルトウイスキーとほぼ同様であるが，発酵終了後のもろみはパテントスチルを用いて1回のみ蒸留する．貯蔵・熟成は麦芽ウイスキーと同様に行う．

c. バーボンウイスキー (bourbon whisky)

原料は，コーン（51％以上），ライ麦，大麦麦芽（12％）である．原料穀類を粉砕，加水し，加圧煮沸する．冷却後，粉末麦芽を加え，糖化を行った後，酵母を加えて発酵させる．種酵母の培養は，ライ麦麦汁に高温性の乳酸菌を接種，培養した後，殺菌したもので行う．

蒸留は多段式蒸留機を連結して連続蒸留を行い高濃度アルコール液を得る．熟成は内面を焼いたホワイトオークの樽で2年以上行う．

3）ブランデー (brandy)　ブランデーは果実の発酵液を蒸留して作る蒸留酒の総称であり，ブドウ酒あるいはブドウ酒粕をポットスチルで蒸留し，熟成したもの (grape brandy) が代表的である．フランスのコニャック地方では，ブドウ品種に Vitis vinifera を用い，純粋培養酵母を用いて発酵させ，発酵終了後，ポットスチルを用いて2回蒸留する．中留液区分（アルコール濃度60％程度）はそのまま樫樽に詰め，5年以上をかけてじっくりと熟成させる．熟成年数の異なるものをブレンド調合し，製品とする．

4）ウオッカ (vodka)　ロシアの蒸留酒であり，ライ麦（コウリャン，バレイショ等のデンプン原料を用いることもある）を原料とし，大麦麦芽で糖化し，発酵させ，蒸留したものである．蒸留した酒を白樺の木炭層を通して，ろ過精製する．無色・無臭で40〜60％のアルコールを含む．

5）ラム (rum)　甘蔗汁や甘蔗糖蜜を原料とした蒸留酒であり，発酵，蒸留後，樽貯蔵が行われる．特有の香味は酵母以外の酢酸菌，酪酸菌の作用による芳香性エステルによるものである．

(5) その他

中国酒は種類が多いが，わが国のアルコール飲料に用いられるコウジカビの

他にクモノスカビやケカビを用いることが特徴である。浙江省の紹興地方や江蘇省の蘇州地方を主産地とする醸造酒でアルコール分10～15％の紹興酒や，中国の東北地方で醸造される蒸留酒の一種で無色透明，特有の重い香気をもち，アルコール分60％前後の高粱酒などがある。台湾には米酒や紅酒などがある。

3．乳製品

(1) チーズ (cheese)

　乳製品のうち発酵作用を利用して作られる代表的なものはチーズである。チーズは牛乳中のタンパク質，脂肪，カルシウムなどのミネラルやビタミンが濃縮されたもので栄養価の高い食品である。原料，微生物の種類，製造方法により，チーズの種類はきわめて多いが，チーズの硬さ（水分含量），熟成方法の違いにより分類すると表4-3のようになる。

　チーズは，牛乳に乳酸菌のスターター，レンネット（凝乳酵素剤）を加えてできるカード（curd，凝乳）*からホエー（whey，乳清）**を分離，脱水し，食塩を加えてから，カビ，細菌などにより発酵・熟成させたものである。ナチュラルチーズとプロセスチーズに大別される。わが国で消費される大半はプロセスチーズであるが，最近はナチュラルチーズも消費量が増えている。

　レンネット（または代用凝乳酵素製剤）は哺乳中の子牛の第4胃から抽出・製造され，タンパク質凝固酵素レンニンを含む製剤である。近年，チーズの製造量の増加にともなうレンネット不足により，有馬，岩崎らによって見出された *Mucor pusillus* の培養物から代用凝乳酵素製剤が作られている。

　チーズスターターはチーズ製造に使用する特定微生物の培養物の総称であり，その種類を表4-4に示す。その種類としては乳酸菌，プロピオン酸菌，アオカビなどがある。普通に用いられる乳酸菌スターターは，レンネットの凝固促進，カードからのホエーの排出促進，製造・熟成工程での汚染菌の生育抑制，

　　＊カード：牛乳中の主要タンパク質のカゼインが部分的に加水分解し，可溶性カルシウム塩と結合，沈殿したもの。
　　＊＊ホエー：カードを除去した後に排出される黄白色の液体。

表4-3 チーズの分類

種類	水分	熟成方法	代表的銘柄
軟質チーズ	40%以上	熟成させないもの カビによる熟成 細菌による熟成	カッテージ, ヌシャーテル, クリーム カマンベール, ブリー リンブルガー, リーデルクランツ
半軟質チーズ	36〜40%	カビによる熟成 細菌による熟成	ロックフォール, ブルー, スチルトン ブリック, ミュンスター
硬質チーズ	25〜36%	細菌による熟成 (ガス孔あり) 細菌による熟成 (ガス孔なし)	エメンタール, グリューエル チェダー, エダム, ゴーダ
超硬質チーズ	25%以下	細菌による熟成	パルメザン

(友田宜孝ら, 1961 ; Rose, A. H., 1982より)

表4-4 チーズスターターの種類

スターター	菌種	製造されるチーズ
乳酸菌	*Lactococcus lactis*	全タイプ
	L. cremoris	全タイプ
	Streptococcus diacetilactis	クリーム, カッテージ
	Leuconostoc cremoris	クリーム, カッテージ
	Enterococcus faecium	イタリア系
	S. thermophilus	イタリア系, スイス, エメンタール
	Lactobacillus helueticus	イタリア系, スイス, エメンタール
	L. delbrueckii subsp. *bulgaricus*	イタリア系, スイス, エメンタール
	L. lactis	イタリア系, スイス, エメンタール
プロピオン酸菌	*Propionibacterium shermanii*	スイス, エメンタール
粘性菌	*Brevibacterium linens*	ブリックリンバーガー
カビ	*Penicillium roquefortii*	ブリー, ロックフォール
	P. caseicolum	カマンベール, ブリー
	P. camemberti	カマンベール, ブリー

(林 弘通:『乳業技術綜典』上巻 酪農技術普及学会 1977. 一部改変)

熟成の促進と特有の風味の醸成などの機能をもっている。

　代表的な菌種としては，低温で生育する *Lactococcus lactis* と *L. cremoris* がある。また，イタリア系，スイス系のチーズでは高温性乳酸菌の *Streptococcus thermophilus* と *Lactobacillus delbrueckii* subsp. *bulgaricus*（ブルガリア菌）などが用いられる。

　乳酸菌以外に，スイス系チーズで用いられるプロピオン酸菌，ロックフォールチーズ（青カビチーズ）で使われる *Penicillium roquefortii*，カマンベールチーズ（白カビチーズ）で使われる *P. camemberti* などがある。

　1）ナチュラルチーズ（natural cheese）　　原料乳はあらかじめ加熱殺菌を行う。殺菌乳にスターターを1～2％添加し，乳酸発酵をさせる。酸度が約0.2％になったときレンネットを添加してカゼインを凝固させる。凝固したカゼインカードをさいの目状に細切し，カードの結着を防ぎながら徐々に加熱する。ホエーが排出されてくるのでこれを排除し，適当な大きさに切断して，チーズバットにカードを積み重ね，さらに，ホエーを排出させる。酸度が当初の5倍程度になった時，カードを粉砕し，モールド（型枠）に詰めて成型し，圧搾し，残存ホエーを排出させ，食塩を加える。この生チーズを熟成室（5～15℃）に入れ，微生物や酵素を利用し，特有の風味や香りなどを作り出すための熟成を一定期間行い，製品とする。

　熟成過程において，チーズの主要成分であるタンパク質は，レンニン，乳酸菌，各種の微生物酵素の作用を受けて分解され，ペプチド，アミノ酸，有機酸，エステルなどに変化する。

　2）プロセスチーズ（process cheese）　　ナチュラルチーズを1種または2種以上を粉砕し混合したものに，リン酸塩やクエン酸塩を加え，加熱，溶融し，乳化させたものである。プロセスチーズの特徴としては，①加熱処理により殺菌，酵素の失活が行われ，機密性の包装材料で包装されるので，衛生的で保存性がよい，②味や香りがまろやかでくせがない，③原料や溶融方法の選択ができるので，独自の風味や組織をもつ製品が作れる，④加熱溶融・乳化後，充填・成型するので，品質が均一で形状が任意に決められる，⑤保存中での脂

肪や水の分離がないなどがあげられる。

(2) バ　タ　ー (butter)

バターは，牛乳から分離したクリームを攪拌操作し，塊状とした乳脂肪食品である。原料のクリームに純粋培養した乳酸菌（バタースターター）を加え，発酵させた発酵クリームバターと未発酵のスイートクリームバター，加塩バターと無塩バターなどに分類される。

バタースターターとしては，酸生成菌として *Lactococcus lactis*, *L. cremoris* が，芳香生成菌として *Leuconostoc citrovorum* などがあり，混合スターターとして使われる。芳香成分は，ジアセチル，酢酸，プロピオン酸およびアセチルメチルカービノールなどで脂肪粒子に吸着された状態となっている。

(3) 乳酸菌飲料

乳酸菌飲料は乳等を殺菌，冷却後，スターターを2～3％加え，発酵させ，酸度が1.5～2％に達したとき，冷却して凝固したカードを機械的に破砕し，これに砂糖，安定剤，香料などを加え，均質化してびん詰等したものである。

スターターとして利用される乳酸菌としては，*Lactobacillus delbrueckii* subsp. *bulgaricus* が一般的であるが，これに *Lactococcus lactis*, *Streptococcus thermophilus* あるいは *Lactobacillus acidophilus* が混用されることもある。

(4) ヨーグルト (yogurt)

ヨーグルトはブルガリアやコーカサス地方で古くから製造されてきた発酵乳で，牛乳，山羊乳，羊乳などを原料としたものである。製品は風味に優れ，消化されやすく，乳酸菌が腸内で生菌状態であるため整腸作用があるとされている。

原料乳に必要に応じて砂糖，寒天，ゼラチンなどの凝固剤や乳化剤を添加，均質化した後，加熱溶解し，加熱殺菌後，40～45℃まで冷却する。スターターなどを添加し，容器に分注し37～42℃で4～6時間発酵させる。乳酸酸度が0.7～0.8％になったとき発酵を終了，急冷し，10℃以下で保存する。

スターターとしては，*Lactococcus lactis*, *Streptococcus thermophilus*, *Lactobacillus delbrueckii* subsp. *bulgaricus* などの乳酸菌を単用か2種以上混合したものが使用される。

ヨーグルトの種類としては、ハードヨーグルト*、プレーンヨーグルト**、ソフトヨーグルト、ドリンクヨーグルト、フローズンヨーグルトなどがある。

4. その他の加工食品
(1) パ　　ン (bread)

　パンは小麦粉にパン酵母（イースト）、食塩、水を添加し、必要に応じて糖類、油脂、乳製品その他の副原料を添加して生地を作り、発酵後、焼いたものである。パンの主原料である小麦粉はタンパク質含量により分類されるが、パン用粉としては強力粉、準強力粉があげられる。小麦粉に水を加えて捏ねると形成されるグルテンはイーストの発酵作用で生ずる炭酸ガスを取り込み、パン生地の膨張に大きな役割をもつ。

　パン酵母は *Saccharomyces cerevisiae* に属しており、パン生地中の嫌気的条件下で発酵を行い、糖を分解して炭酸ガスとアルコールを生じさせる。生成した炭酸ガスは生地の膨張と生地の粘弾性の増強に、アルコールはアルデヒドその他の発酵生産物とともに風味に寄与する。工業的には圧搾パン酵母、乾燥パン酵母が利用されているが、野生酵母を主体とする天然パン種を用いる場合もある。

　一般的なパンの製造工程は図4-12に示す通りであり、原料を生地に仕込む方法には、直捏法(じかごね)と中種法(なかだね)がある。

　また、消費者の新鮮パンを求める指向と製パン工場の労務対策上から、原料を混合、前発酵させ、分割・整型まで行った生地を凍結させて、必要に応じて冷凍生地を用いて焙炉と焙焼を行う「冷凍生地製パン法[2)]」（図4-12）が普及している。

　さらに、1990年代になって「冷蔵生地製パン法[2)]」（図4-12）が開発された。これは、「低温で発酵休止、常温で回復」の性質をもつ酵母、すなわち「発酵

---
　*ハードヨーグルト：砂糖やゼラチンなどを加えて、さらに硬めのプリン状にしたもの。
　**プレーンヨーグルト：砂糖、香料などの添加物を使わず発酵させたもの。特有の酸味と発酵臭をもつ。

```
(中種法) 中種混捏・発酵→生地混捏
(直捏法) 1次発酵→ガス抜き→2次発酵→ガス抜き
                    ↓
原料配合 → 混捏 → 発酵 → 分割 ─────→ 整型 ─────→ 焙炉(ホイロ)  焼成
                                    ↑   ↑              ↑           ↓
                                                                 製品
         (冷凍生地製パン法)→冷凍庫貯蔵→解凍 冷凍庫貯蔵→解凍
         (冷蔵生地製パン法)→冷蔵庫貯蔵──── 冷蔵庫貯蔵────
```

図4-12 パンの製造工程

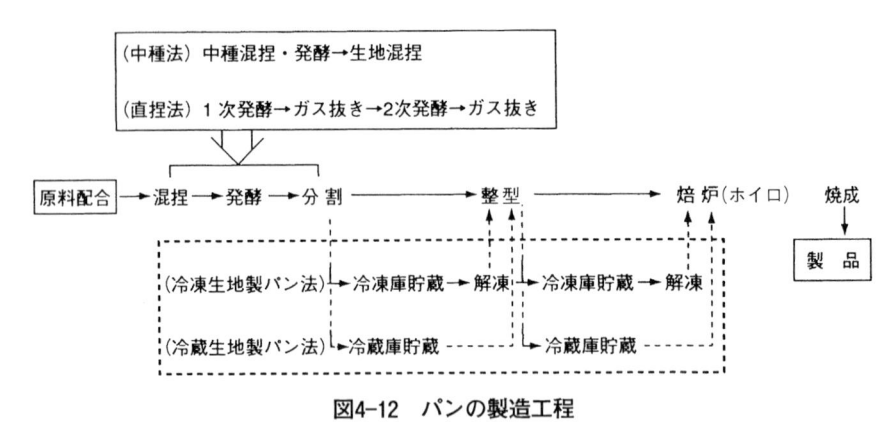

能低温感受性パン酵母」(cold sensitive fermentation：CSF変異酵母) の育種と開発がなされたことにより可能となった。

(2) 納　豆

納豆 (糸引き納豆) は蒸煮大豆を納豆菌の発酵作用により熟成させ, 多量の粘質物と独特の風味をもつ大豆発酵食品である。原料の大豆は高タンパク質食品であるが, 本来消化が悪く, 納豆菌の生産するプロテアーゼの作用を利用して, 大豆タンパク質の一部分解を進めることで消化性を高めることができる。納豆の製造工程の概要は図4-13に示す通りである。

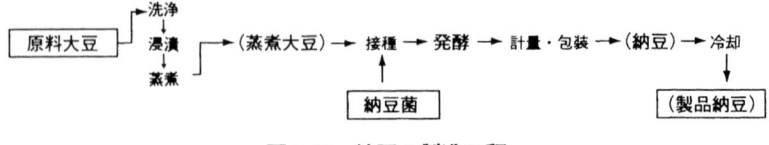

原料大豆として中粒または小粒の丸大豆を用い, 水洗, 吸水後, 加圧蒸煮を行う。蒸煮が終わった大豆は品温が50℃以下に下がらないうちに純粋培養した納豆菌の表面散布を行い, 容器に充填包装し, 40～43℃で15～20時間発酵させる。やがて大豆の表面は薄い白色の納豆菌の菌膜で覆われ, 弱い糸を引くようになる。納豆臭やα-グルタミルトランスグルタミナーゼの作用により生産されるγ-ポリグルタミン酸を主体とする粘質物の生成もこの時期に始まり, 十

```
              洗浄
原料大豆 → 浸漬 →(蒸煮大豆)→ 接種 → 発酵 → 計量・包装 →(納豆)→ 冷却
              蒸煮                ↑                        ↑
                               納豆菌                   (製品納豆)
```

図4-13　納豆の製造工程

分に粘質物と風味を形成させる。発酵後，2〜5℃で一晩以上保管し，低温熟成を行ってから出荷する。

　納豆菌は，1905年に沢村真博士により *Bacillus natto* Sawamura と命名された。現在，Bergey の分類に従えば，*B. subtilis* に属するが，ビタミンの一種のビオチン要求性，アミノ酸資化性，ファージ感受性などの点で異なる。

(3) 漬　物

　漬物は，野菜を塩で漬けてから貯蔵することからはじめられたといわれ，野菜を薄塩で短期間漬け込んだ即席漬や浅漬のようなものから，長期間貯蔵が可能な塩蔵ものや2次加工漬物など多くの種類がある。

　漬物は，食塩あるいは食塩と酸による防腐作用を利用した保存食品である。したがって，漬物製造に関与する微生物は食塩濃度に関係が深く，一般に好塩性または耐塩性であり，通性嫌気性のものが多く，好気性のカビ類や耐塩性の弱い病原性細菌は少ない。

　有用細菌類は乳酸菌で，糖類より乳酸をはじめ各種の有機酸，アルコールなどを生成させ，乳酸による pH の低下が食塩の防腐作用を高めると同時に，漬物特有の風味の醸成に寄与している。代表的な細菌としては，*Lactobacillus plantarum*, *Leuconostoc mesenteroides* 等があげられる。

　有害細菌としては，低食塩の漬物や粕漬などにみられる酢酸菌，不快な酪酸臭を発する酪酸菌，野菜の軟化に関与するとみられる枯草菌や馬鈴薯菌などがあげられる。

　Zygosaccharomyces rouxii, *Torulopsis* 属はアルコールや芳香性エステルを生成して香味の付与に寄与する有用菌である。産膜酵母として知られる *Pichia membranaefaciens*, *P. anomala* などは外観を損なうばかりでなく，アルコール，アミノ酸類，有機酸類，糖などを消費して香味を害する有害菌である。

　カビ類では，漬物の発酵に直接関係するものはほとんどないが，麹漬，味噌漬，もろみ漬，粕漬などではコウジカビの酵素を利用している。

　　1）ぬかみそ（糠味噌）漬　　米ぬか，食塩と水を用いて，ぬか床を作り発酵熟成させたものに種々の野菜を漬け込み，漬け床の風味を材料に浸透させ

たものがぬかみそ漬である。ぬかみそ漬はどぶ漬ともいわれ，家庭で作る漬物の代表的なものである。ぬかみその風味はぬか床に繁殖した乳酸菌や酵母の活動によってできたアミノ酸，乳酸，エステルによるものである。

関与する微生物は，乳酸菌では *Lactobacillus plantarum* が多く，酵母では *Saccharomyces* 属，*Pichia* 属，*Torulopsis* 属などがあげられる。

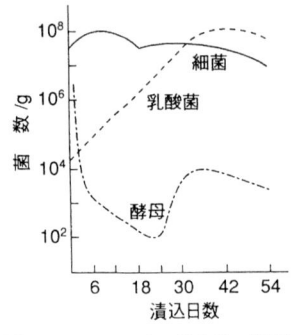

図4-14　ぬかみその微生物の消長
(好井久雄ほか:『増補改訂食品微生物学』p.199　技報堂出版　1980より)

ぬかみその微生物群の消長は図4-14に示す通りである。

2）たくあん漬　干し大根のぬかみそ漬であり，日本の代表的な漬物であり全国各地にさまざまな漬け方や種類がある。早漬たくあんと長期熟成を行う本漬たくあんに大別される。

生育する微生物の種類等は前述のぬかみそ漬に類似するが，ぬかみそ漬に比べると，乳酸菌の増加はやや少なく，原料臭，ぬか臭，芳香の生成には酵母の関与する役割が大きい。

3）ザウエルクラウト（sauerkraut）　キャベツを細切し2～3％の薄塩で漬け，乳酸発酵を起こさせたものであり，北欧や東欧の家庭で使われてきたものである。

生育する乳酸菌は，発酵中期で *Leuconostoc mesenteroides* が優勢となり0.7～1％の乳酸が生成され，ほかに酢酸，エタノール，炭酸ガス，エステルなどが生じる。この段階で生じる成分は製品の香気成分に関与していると考えられている。発酵後期では *Lactobacillus plantarum* が優勢となる。最終的に，製品の乳酸量は1.5～2％となる。

4）ピクルス（pickles）　ピクルスは，小型きゅうり，キャベツ，セロリ，カリフラワー，たまねぎなどを原料とし，塩漬後，食酢および香辛料を用いた調味液で本漬けを行い，熟成させた欧米の漬物である。最も代表的なものはきゅうりを用いたものであり，デイールピクルスとスイートピクルスの2種がある。

原料 → おろし身 → 煮熟 → 骨抜き → 水抜き焙乾 → 修繕 → 焙乾 ──────── → 日乾 → (荒節(鬼節))
　　　　　　　　　　　　　　　　(一番火)　　　　　亀節(八〜十番火)
　　　　　　　　　　　　　　　　　　　　　　　　　本節(十一〜十二番火)

→ 削り → (裸節) → かび付け・日乾 ──── → 本枯節
　　　　　　　　　一番〜四番カビ

図4-15　かつお節の製造工程

(4) かつお節

かつおを原料とした節であり、煮熟、焙乾、かび付けなどを行い、その間日乾を含めて十分乾燥させたわが国固有の水産加工製品である。

製法の概要は図4-15に示す通りである。原料かつおを三枚におろし、肉を煮熟した後、一番火と称する焙乾処理を行う(なまり節)。次いで、かつおのすり身肉で割れ目などを修整し、二番火以下、焙乾を繰り返し、荒節または鬼節とする。荒節を削りにかけて裸節とし、箱詰めして、かび付けを通常一番カビから四番カビまで行い、本枯節として出荷する(図4-16)。

かび付けは自然に繁殖するカビを利用するものであるが、主として *Aspergillus glaucus* (*A. katsuobushi*) であり、タンパク質分解力より脂肪分解力が強い。2週間前後で一通りカビの着生が終わるので、そのカビを払い去り、再びかび付けを行い、このような操作を数回繰り返して終了する。

かび付けの意義は、製品の品質を低下させる水分や脂肪の分解除去、特有の芳香の付与、魚肉組織の緻密化と光沢の付与などがあげられる。かつお節の旨味の主成分は5′-イノシン酸のヒスチジン塩である。

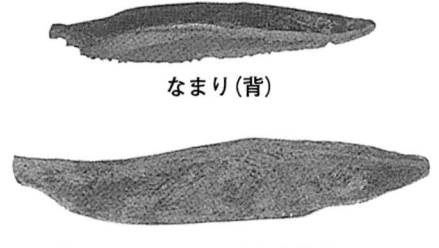

図4-16　なまり(上)と本枯節(下)

2. 酵素・代謝系の利用

1. 呈味性ヌクレオチド

　ヌクレオチドはヌクレオシドの糖部分にリン酸がエステル結合した化合物の総称であり，核酸の構成単位である（第6章参照）。一般的な呈味性ヌクレオチドの構造を図4-17に示す。塩基部分がプリンのものをプリンヌクレオチド，糖部分がD-リボースのものをリボヌクレオチドといい，種々の異性体が存在するが，天然に広く存在する

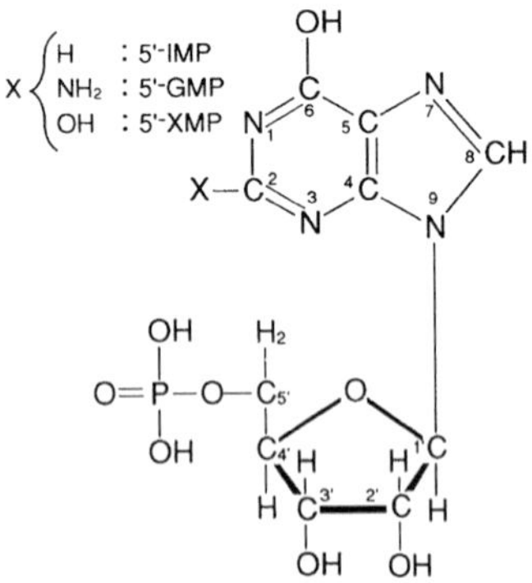

図4-17　呈味性プリンヌクレオチドの構造

のは5′の位置にリン酸が結合した5′ヌクレオチドである。RNA あるいは DNA の酵素的加水分解によって得られる。また，各種の補酵素やその構成成分である。ヌクレオチドが旨味を呈するには次の条件が必要である。①プリン環をもつヌクレオチドであること，②プリン環の6位の炭素に OH 基を有すること，③リボースの5′位がリン酸化されていること。以上の条件を満たすものは5′-イノシン酸（5′-IMP），5′-グアニル酸（5′-GMP），5′-キサンチル酸（5′-XMP）である。

　かつお節の旨味成分が5′-イノシン酸であることは，小玉新太郎により発見された。また，国中ら（1960）は，しいたけの主要な呈味成分が5′-グアニル酸であることを明らかにした。

　呈味性ヌクレオチドのひとつの特徴として，グルタミン酸ナトリウムとの混合使用によって単独使用の場合よりも強い旨味を呈することが知られている。これを味の相乗効果といい，複合調味料に利用・市販されている。

　以下に代表的製造法の概要を示す。詳しくは成書を参考されたい。

（1）RNA 分解法によるヌクレオチドの製造

　酵母を原料とし，酵母菌体のリボ核酸を特定の微生物が生成する分解酵素により分解して，呈味性の強いヌクレオチドである $5'$-IMP や $5'$-GMP を得る方法である。原料酵母としては *Saccharomyces cerevisiae*, *Candida utilis* を用い，糖蜜や亜硫酸パルプ廃液を用いて培養して菌体を作り，その菌体から RNA を抽出する。抽出した RNA に対して $3'$ の位置のリン酸エステルを特異的に切断する酵素 $5'$-ホスホジエステラーゼを作用させると $5'$ にリン酸の結合した 4 つの $5'$-ヌクレオチド（$5'$-アデニル酸，$5'$-グアニル酸，$5'$-シチジル酸，$5'$-ウリジル酸）が得られる。このうち，$5'$-アデニル酸に対してさらにデアミナーゼで脱アミノすると $5'$-IMP が得られる。$5'$-ホスホジエステラーゼは蛇毒や小腸粘膜にあるが，アオカビの一種である *Penicillium citrinum*，放線菌 *Streptomyces aureus* を培養して作られる。

（2）発酵法と合成法の組み合わせ法

　発酵液中にヌクレオチドが生成されても，微生物のホスファターゼによってリン酸エステル結合が加水分解されてヌクレオシドになる。そこではじめにイノシンを直接生産させ，これを化学的にリン酸化して $5'$-IMP にする 2 段階法が開発された。*Bacillus subtilis*（枯草菌）を親株としてアデニンとヒスチジンの両方を要求する変異株を誘導し，これを用いて培養を行いイノシンを蓄積させる。ついで，イノシンを分離し，化学的にリン酸化して $5'$-IMP を得る。また，*B. subtilis* のプリン要求株をイノシン発酵の場合と同様に培養して，大量の 5-アミノ-4-イミダゾールカルボキシアミドリボシド（AICAR）を蓄積させ，分離した後，化学的に閉環，酸化，アミノ化を行い，最後にリン酸化して $5'$-GMP を得る。

（3）直接発酵法

　ヌクレオチドの直接発酵の場合は，細胞中にホスファターゼが存在するため培地中に実際に生成されるのはイノシンやグアノシンあるいはさらに分解の進んだものとなる場合が多い。そこで，*Brevibacterium ammoniagenes* を親株として，アデニルコハク酸合成酵素の欠失したアデニン要求株を作る。本菌に

表4-5 微生物により生産される主な有機酸

有機酸	基　質	生産菌株
乳酸	グルコース	*Lactobacillus delbrueckii*
リンゴ酸	グルコース	*Aspergillus flavus*
フマル酸	グルコース	*Rhizopus nigricans*
グルコン酸	グルコース	*Acetobacter gluconicum*
		Aspergillus niger
イタコン酸	グルコース	*A. itaconicus*
		A. terreus
コハク酸	グルコース	*Brevibacterium flavum*
クエン酸	スクロース	*A. niger*
	n-パラフィン	*Candida lipolytica*
リンゴ酸	フマル酸	*Lactobacillus brevis*
酢酸	エチルアルコール	*Acetobacter aceti*

よる IMP 発酵の重要因子の1つはアデニン添加量であり，アデニン添加量の制限下で IMP の蓄積量が最大となる。

（4）GMP 発酵法

キサンチル酸（XMP）を中間体とする GMP 発酵法である。前述の *B. ammoniagenes* を親株としてアデニン・グアニン要求変異株と 5′-XMP→5′-GMP 転換株を混合培養することにより，糖質とアンモニアから直接 GMP を蓄積させる発酵方式である。

2．有機酸の製造

有機酸発酵は，微生物の作用によりグルコースなどの炭素源から種々の有機酸を生産する技術である。微生物を利用した主な生成有機酸を表4-5に示す。

（1）酢　　酸

アルコールを酸化して酢酸を生成する好気性細菌は酢酸菌と総称されている。現在では，食酢製造を目的として発酵法による工業的な酢酸の製造が行われている（p.90参照）。

（2）乳　　酸

　工業的な乳酸生産に用いられる微生物は lactic acid bacteria（乳酸菌）と総称される細菌群である（p.32参照）。乳酸菌による工業的乳酸の製造では，原料としては糖蜜，糖化デンプンなどが用いられる。糖濃度を調整後，炭酸カルシウムを加え，*Lactobacillus delbrueckii*（乳酸桿菌）などの種母を添加し，発酵させる。生成した乳酸はカルシウム塩として蓄積されるので，発酵終了後，乳酸カルシウムを分離回収する。

（3）クエン酸

　クエン酸は柑橘類に含まれている有機酸であり，食品中の酸性酸味料として利用されるほか多くの用途があり，現在では *Aspergillus niger* を用いて，工業的発酵法で生産されている数少ない有機酸のひとつである。発酵によるクエン酸の製造には，固体培養法，液体表面培養法，液内培養法の3種があり，現在は液内培養法が大規模生産の主流となっている。

　培養液は工業的には糖蜜が用いられ，培養液の糖濃度，pHを調整し，好気条件下で液内培養する。発酵終了後，カルシウム塩として沈殿，回収し，硫酸処理して遊離酸とし，濃縮，精製，結晶化させる。

（4）グルコン酸

　グルコン酸は，酸味料，豆腐凝固剤グルコノデルタラクタンの製造などに用いられる。グルコースを好気的条件下で酸化してグルコン酸を生成する微生物として，*Aspergillus* 属，*Penicillium* 属の糸状菌，*Gluconobacter* 属，*Pseudomonas* 属の細菌が知られている。発酵終了後，発酵液と菌体の分離が容易であることなどから工業的には *Aspergillus niger* が用いられる。グルコースに無機栄養源を加え，菌を接種し，タンク内で通気攪拌培養を行う。発酵液から菌体を除き，濃縮してカルシウム塩またはナトリウム塩として回収する。

3．アミノ酸の製造

　アミノ酸は，タンパク質の構成成分であり，人や動物にとって重要な栄養素である。これらアミノ酸類は，以前は小麦や大豆のタンパク質の加水分解で製

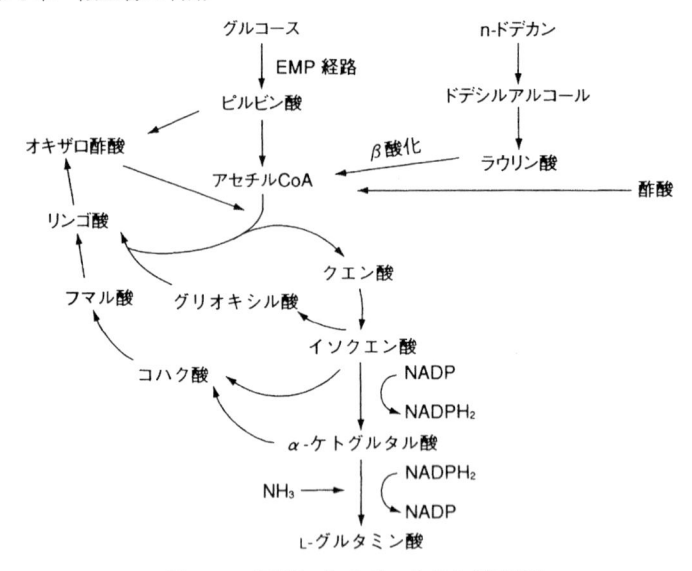

```
           グルコース            n-ドデカン
              │ EMP経路           │
              ↓                   ↓
           ピルビン酸          ドデシルアルコール
         ↙    │      β酸化         │
 オキザロ酢酸  アセチルCoA ←─── ラウリン酸 ←── 酢酸
   ↑       ↙    ↓
 リンゴ酸         クエン酸
   ↑       グリオキシル酸
 フマル酸  ↗        ↓
   ↑           イソクエン酸
 コハク酸           │ ⤵ NADP
   ↑               │ ⤴ NADPH₂
          α-ケトグルタル酸
                    │ ⤵ NADPH₂
     NH₃ ─────→    │ ⤴ NADP
               L-グルタミン酸
```

図4-18 細菌によるグルタミン酸発酵

造されていたが，わが国の研究者によって微生物を利用するアミノ酸の製法が開発され，現在ではグルタミン酸，メチオニン，リシンをはじめとして大半のアミノ酸が微生物を用いて生産されている。これらを総称してアミノ酸発酵という。以下に代表的なアミノ酸の製法の概要を示す。

微生物を利用したアミノ酸発酵には直接発酵法，前駆体添加法，酵素法などがある。詳しくは成書を参考にされたい。

(1) L-グルタミン酸の発酵

各種アミノ酸のうち，L-グルタミン酸ナトリウムは，昆布の旨味成分として池田菊苗博士により発見され (1908)，食品の旨味を強める調味料として大量に工業生産されている。現在，グルタミン酸生産菌として用いられているものは，*Corynebacterium glutamicum, Brevibacterium lactofermentum, B. flavum, Microbacterium ammoniaphilum* などである。

これらの細菌は，ビオチンを生育因子として要求するという性質があり，好気条件下でグルタミン酸を大量に蓄積する。

現在では，*C. glutamicum, B. flavum* 等の変異株が大型の発酵槽で培養さ

れ，原料フィードの自動化，各種センサーによる分析と制御が行われ，50時間内外で，対糖60％以上の収率で得られるまで技術が向上している。細菌によるグルタミン酸発酵の機構を図4-18に示す。

(2) リシン（リジン）

L-リシンは米や小麦などの植物タンパク中には含量が低く，日本人にとっては栄養上特に重要なアミノ酸である。その発酵による工業的製造方法は木下，中山らにより開発された（1958）。

グルタミン生産菌 *Corynebacterium glutamicum* から得られたホモセリン要求変異株やトレオニンおよびメチオニン要求変異株を用い，グルコース，アンモニア，十分量のビオチン，必要量のトレオニンなどのアミノ酸を含む培地で好気的に培養する。約2日間で対糖収量30～40％のL-リシンが生産される。

グルタミン酸生産菌の変異株によるリシン生産機構と代謝調節機構は密接な関係があり，アスパラギン酸から合成されるアスパラギンを除く4種のアミノ酸は代謝調節機構（酵素活性のフィードバック阻害と酵素合成の抑制など）によって正常に作られているが，人為的に制御機構を変えた変異株では，細胞の正常な代謝調節機構が働かなくなった経路でのアミノ酸が大量に生産される。

(3) アスパラギン酸

L-アスパラギン酸をフマル酸とアンモニアから酵素アスパルターゼの作用で作る方法を1960年，北原らが開発した。原料（フマル酸アンモニウム）と酵素菌体とを混合し，発酵培養することでL-アスパラギン酸が得られる。

その後，アスパルターゼ活性をもつ固定化酵素や固定化菌体を詰めたカラムが使われるようになり，原料の添加と生産物の回収が連続的に行え，より効率的な生産が可能となっている。

4. 酵素製剤の製造

酵素製剤の製造は，動植物由来の酵素の抽出，精製から始まったが，1894年高峰譲吉博士が黄麹菌からタカジアスターゼを製造して以来，微生物酵素製剤の研究がさかんとなり，今日では酵素製剤の製造は微生物が中心となっている。

微生物は一般にある種の酵素を多量生成・蓄積する傾向があり，目的とする酵素活性の強い微生物を選ぶと特定酵素の生産が可能となる。

抽出した酵素の精製は菌体の核酸を除き，塩析，溶剤沈殿，吸着の処理を行い，高度精製処理を行う。さらに，透析，凍結乾燥を行い粉末状酵素製品とする。

微生物酵素はデンプン関連酵素（セルロース分解酵素，多糖類分解酵素等など），タンパク質関連酵素，脂質関連酵素に大きく分類される。各種の微生物酵素は食品加工，醸造，化学工業，分析，医療など幅広い分野で利用されている。

以下に代表的な微生物酵素の概要を示す。

1）α-アミラーゼ（液化アミラーゼ）　デンプンのα-1,4-グルコシド結合を任意の個所で加水分解するが，α-1,6-結合は分解しない酵素である。最終分解生成物はデキストリン，マルトースと少量のグルコースである。唾液，膵液，麦芽に含まれ，微生物では *Bacillus subtilis, B.licheniformis, Aspergillus oryzae* などにより生産される。醸造，デンプンの糖化，水あめの生産や繊維工業での糊抜き等に利用されている。

2）β-アミラーゼ（糖化アミラーゼ）　デンプンやグリコーゲンなどのα-1,4-グルコシド結合を非還元性末端からマルトース単位で加水分解する酵素である。アミロペクチンでは分岐の手前で分解が停止する。工業的には，大豆由来のものが用いられることが多いが，*Bacillus stearothermophilus* 由来のβ-アミラーゼを *B.subtilis* で大量生産した組換えβ-アミラーゼが実用化されている。マルトースの製造，麦芽糖水あめ，ビール，ウイスキーなどの醸造に利用されている。

3）グルコアミラーゼ　デンプンの非還元性末端からグルコース単位で加水分解する酵素である。デンプン中のα-1,6-結合も分解するので，ほぼ完全にグルコースに分解ができる。*Aspergillus niger, Rhizopus delemer* 等により生産される。グルコースの製造などに利用されている。

4）セルラーゼ　セルロースを構成するグルコース間のβ-1,4-結合を加水分解し，セロビオースとグルコースを生成する酵素の総称である。*Trichoderma viride を用いて工業的生産が行われているほか,Aspergillus 属,Bacillus 属で分泌することが知られている。セルラーゼの用途としては,果汁の搾汁率の向上,飼料の消化性向上,消化成分などの用途に利用されている。

5）ヘミセルラーゼ　植物細胞壁を構成する多糖,ヘミセルロースを分解する酵素を総称してヘミセルラーゼという。代表的なヘミセルラーゼとして,果実,野菜などの植物体の細胞間隙,細胞膜に多く含まれるペクチンを分解する酵素を総称するペクチナーゼがあげられる。ペクチナーゼはD-ガラクツロン酸のα-1,4-グルコシド結合を加水分解するポリガラクツロナーゼとメチルエステル基を加水分解するペクチンエステラーゼに大別される。多くの微生物がペクチナーゼを生産するが,工業的にはA. niger, Coricium rolfsi, Rhizopus 属などの微生物が生産するものが使用されており,りんご,みかん果汁の清澄化,みかん果皮の除去,ワイン発酵液の清澄などに利用されている。

6）プロテアーゼ　タンパク質のペプチド結合を加水分解する酵素の総称である。大きな分子鎖の内部を切断するエンドペプチダーゼと遊離のα-アミノ酸またはα-カルボキシル基をもったペプチドに作用し,最外側のペプチド鎖を切断してアミノ酸を生成するエキソペプチダーゼに大きく分類される。前者には,ペプシン,トリプシン,キモトリプシン,レンニンなどが含まれ,後者はさらに遊離のカルボキシル基に近いペプチド鎖を切断するカルボキシペプチダーゼと,遊離のアミノ基に近いペプチド鎖を切るアミノペプチダーゼとがある。

A. oryzae が培地のpHにより酸性プロテアーゼ,中性およびアルカリ性プロテアーゼを生産し,A. niger では主として酸性プロテアーゼを生産する。Mucor miehei, M. pusillus は子牛レンネットに似た凝乳酵素を生産する。Bacillus subtilis の生産するプロテアーゼはサブチリシンともいわれ,中性プロテアーゼとアルカリ性プロテアーゼがある。Streptoverticillium 属の微生物によりトランスグルタミナーゼが生産される。Streptomyces griseus Waksman は培地中にプロテアーゼとともにストレプトマイシンを多量に生成する。

プロテアーゼは,食品（味噌,醤油などの調味料の製造,ビールおよび清酒の混

濁除去，チーズの製造，食肉の軟化など），洗剤，化粧品，医療（消化剤，消炎剤）などの広い分野で利用されている。

7）リパーゼ 高級脂肪酸トリグリセリドのエステル結合を加水分解する酵素を総称してリパーゼという。広く動植物，微生物界に存在しており，糸状菌では *A. niger, A. oryzae, Rhizopus delemar* などが，酵母では *Candida cylindracea, C. lipolytica* などが，細菌では *Pseudomonas* 属などの菌株がリパーゼを生産することが知られている。

リパーゼは，食品乳化剤の生産，消化剤，フレーバー酵素（ミルクフレーバー，バターフレーバーなど），洗剤成分，などに利用されている。

5. 甘味料等

甘味料は，糖質系甘味料と非糖質系甘味料に大別される。糖質系甘味料には，単糖類，二糖類およびその糖アルコールとオリゴ糖（各種オリゴ糖，サイクロデキストリン）がある。近年，甘味料の健康への付加価値から食品中に種々の難消化糖質や非齲蝕(うしょく)性糖質である糖アルコールやオリゴ糖が使われるようになり，微生物・酵素技術を使ったデンプンを原料とした甘味料が注目されてきている。

甘味料に関連する酵素としては，前述の α-アミラーゼ，β-アミラーゼ，グルコアミラーゼのほか，糖が2個以上10個以下結合したオリゴ糖を生成するオリゴ糖生成酵素などがあげられる。デンプン，スクロース，ラクトースなどを原料としてオリゴ糖を生成するオリゴ糖生成酵素では加水分解酵素，糖転移酵素などが使われている。

デンプンではマルトオリゴ糖の生成に関与し，*Pseudomonas amyloderamosa* より精製され，アミロペクチンのα-1, 6-グルコシド結合を加水分解するイソアミラーゼ，*Aerobacter aerogenes* より精製されプルランのα-1, 6-グルコシド結合を加水分解し，マルトトリオースを生成するプルラナーゼなどがある。グルコースではイソマルトースの生成に関与するα-グルコシダーゼ，スクロースよりフラクトオリゴ糖を生成する *Aspergillus niger* 由来のβ-フラクトシルフラノシダーゼ，スクロースよりパラチノースを生成する *Protaminobacter rubrum* 由来のグルコシルトランスフェラーゼなどがある。ラクトースではガラクトオリゴ糖を生成する *Bacillus* 属, *Cryptococcus* 属由来のβ-ガラクトシダーゼのほか, *Bacillus* 属などの細菌より生産されデンプンよりグルコースが6, 7または8個結合したサイクロデキストリン (CD) を生成するサイクロデキストリングルカノトラスフェラーゼなどがあげられる。サイクロデキストリンの種類には, α-CD (グルコース数6), β-CD (グルコース数7), γ-CD

表4-6 主なオリゴ糖の種類

オリゴ糖の種類	原料	製造法	代表的な性質
スクロース	さとうきび	分離・精製	良質の甘味, 非吸収性
ラクトース	牛乳	〃	賦形剤
ラフィノース・スタキオース	根茎, 種子	〃	ビフィズス菌増殖
マルトオリゴ糖	デンプン	酸, 酵素分解	マイルドな甘味, 甘味調整 保湿性, 粉末化基材, 氷点調節 デンプン老化防止, など
イソマルトース (分岐オリゴ糖)	グルコース	酵素による糖転移反応	保湿性, デンプン老化防止 ビフィズス菌増殖, 非発酵性 難吸収性, など
カップリングシュガー	デンプン スクロース	酵素による糖転移反応	難う蝕性
パラチノース	スクロース	〃	低う蝕性, 抗う蝕性
フラクトオリゴ糖	スクロース	〃	難消化性, ビフィズス菌増殖
ガラクトオリゴ糖	ラクトース	〃	ビフィズス菌増殖, 低甘味
ラクトスクロース	ラクトース スクロース	〃	ビフィズス菌増殖
サイクロデキストリン (シクロデキストリン)	デンプン	〃	不安定物質の安定化 揮発性物質の可溶化, など

(グルコース数8), マルトシル α-CD (グルコース数8), マルトシル β-CD (グルコース数9) などがある。

主な各種オリゴ糖の種類を表4-6に示す。

また, グルコースの異性化と異性化糖を生成する際に使われる酵素としては *Streptomyces* 属, *Bacillus* 属などから生産されるグルコースイソメラーゼがあり, 異性化糖の工業的生産に使われている。

糖アルコールは保湿性, 非齲蝕性, 低カロリーなどの諸性質をもっており, 品質改良剤, 甘味料などとして用いられている。一般的には, 接触還元法で製造され, グルコースを還元したソルビトール, マルトースを還元したマルチトール, キシロースを還元したキシリトールなどがある。微生物を用いて生産されるものとしては, グルコースから酵母を用いた発酵で生産されるエリスリトールなどがある。

引 用 文 献

1) 井上喬：やさしい醸造学, 工業調査会, 1997
2) 田村學造ほか編著：酵母からのチャレンジ〔応用酵母学〕, 技報堂出版, 1997

参 考 文 献

藤巻正生ほか編集：食料工業, 恒星社厚生閣, 1985
日本食品工業学会編：新版食品工業事典, 光琳, 1993
日本調理科学会編：日本調理科学事典, 光生館, 1997
野白喜久雄ほか編集：醸造の事典, 朝倉書店, 1988
児玉徹・熊谷英彦編：食品微生物学, 文永堂出版, 1997
高尾彰一ほか編：応用微生物学, 文永堂出版, 1996
木村光編：食品微生物学, 培風館, 1991
井上喬：やさしい醸造学, 工業調査会, 1997
天羽幹夫・小石川仁治：改稿栄養士のための応用微生物学, 光生館, 1995
天羽幹夫：新版精説応用微生物学, 光生館, 1986
菅原龍幸・井上四郎編集：新版増補原色食品図鑑, 建帛社, 1998

田村學造ほか編著：酵母からのチャレンジ〔応用酵母学〕，技報堂出版，1997
吉澤淑編：酒の科学，朝倉書店，1995
好井久雄ほか：改訂増補版食品微生物学，技報堂出版，1984
大塚謙一編著：醸造学，養賢堂，1985
日本発酵工学会編：微生物工学，産業図書，1983
山内邦男・横山健吉編集：ミルク総合事典，朝倉書店，1992
渡辺篤二ほか：大豆とその加工Ⅰ，建帛社，1987
野中順三九ほか：新版食品水産学，恒星社厚生閣，1983
足立達・伊藤敞敏共著：乳とその加工，建帛社，1987
佐藤信監修：食品の熟成，光琳，1984
相田浩ほか：新版応用微生物学Ⅰ，朝倉書店，1990
相田浩：新版応用微生物学Ⅱ，朝倉書店，1991
加藤博通：新農産物利用学，朝倉書店，1987
太田静行：くん製食品，恒星社厚生閣，1986
太田冬雄：水産加工技術，恒星社厚生閣，1985
小泉武夫：麹カビと麹の話，光琳，1984
友枝幹夫ほか：微生物の性状と機能，弘学出版，1990
長谷川忠男ほか：食品酵素高分子学概論（上），地人書館，1987
日本農芸化学会編：ヒット食品開発の発想と技術，学会出版センター，1996
菅間誠之助：焼酎の話，技報堂出版，1984
日本農芸化学会編：お酒の話，学会出版センター，1994
秋山裕一：酒造りの不思議，裳華房，1997
一島永治：発酵食品への招待，裳華房，1998
栄養学ハンドブック編集委員会編：第三版栄養学ハンドブック，技報堂出版，1996
農林水産技術会議事務局編，食品微生物バイオテクノロジー，農林統計協会，1993
河合弘康：化学と生物，学会出版センター，1993
小林昭一監修：オリゴ糖の新知識，食品化学新聞社，1998
食品流通システム協会編：食品流通技術ハンドブック，恒星社厚生閣，1989

第5章
食品の腐敗と保存および食中毒

　食品のほとんどは動物，植物などの生物体を原料としているため，食品は人にとっての食物であると同時に微生物にとっての栄養源でもある。食品の多くは化学的に不安定な構成成分を含んでいるので，食品をそのまま放置すると食品に付着している微生物の作用による成分変化が起こる。その結果，食品の色，味，光沢，テクスチャー，香りが変化し食品の品質が低下する。また，病原微生物や毒物を生成する微生物の増殖によって食中毒を起こす場合もある。前者の現象は一般に腐敗と呼ばれ，その原因となる微生物を腐敗微生物という。後者は細菌性食中毒に代表されるように細菌が主な原因微生物である。
　一方で食品が微生物の作用を受けた結果，人の生活に都合の良いものに変わる場合は発酵と呼んでいる。腐敗も発酵も共に微生物による化学反応の結果であり，両者を厳密に区別することは難しい。

1．腐敗による食品の変質

1．腐敗微生物の種類と分布
　食品の腐敗は，食品原料に由来する細菌やカビのほか，自然環境中に存在するものによる。病原微生物の場合とは異なり，食品の腐敗に関係する微生物について種のレベルまで詳細に分類することは行われていない。食品を汚染する機会が多く，食品成分を分解する酵素をもち，食品を腐敗させる能力のある微生物はすべて腐敗菌として取り扱われる。1種類の食品の腐敗に多種類の腐敗菌が同時に関与していることが多い。

水産食品では淡水や海水，底質の微生物相の影響，陸上生物を起源とする農・畜産食品では土壌や空中の微生物相の影響を多く受ける。それらのほとんどは従属栄養微生物で，好気性から通性嫌気性，偏性嫌気性のものまで多様である。

食品がこれらの微生物汚染を受ける経路はさまざまであるが，自然環境中に分布する微生物相にはある程度の規則性があり，一定の場所に分布する微生物の種類や数には偏りが見られる。また，食品に含まれる成分の化学的・物理的性質にも特徴があるため，ある種の食品にはいつも同じような微生物群が繁殖してその食品を腐敗させるということが起こる。

2．食品の腐敗における化学反応

食品の腐敗は食品を栄養培地として微生物が増殖する現象であり，腐敗産物は微生物の代謝産物である。実際は食品に含まれる成分は複雑で，加工食品などでは加工の方法や程度によって組成が変化することがある。また，生鮮食品ではそれ自体の酵素反応，代謝反応が働き，連続的に多種の変化が起こるので，変質，腐敗の過程を正確に把握することはなかなか困難であるが，食品の種類や含まれている食品成分，食品のおかれている環境などを知ることにより，食品上で増殖する微生物の種類や代謝反応の過程，腐敗生成物をある程度推定することができる。食品の腐敗の程度を知るために，食品保存中の付着微生物の種類および数を測定すると同時に，微生物の作用で生成した物質の消長を調べることが行われている。

（1）糖質の変化，多糖類の生成

穀類や野菜などの植物性食品では，主としてデンプンやセルロースのような高分子糖質が微生物**アミラーゼ**により加水分解され，グルコースなどの単糖類を経て有機酸が生じる。そのため糖質を多く含む食品が腐敗すると酸味を呈する。また，微生物の中には細胞壁の外側にゼリー状の粘質物質を合成して細胞を包むものがある。これら微生物はデキストランやグルカンなどの単純多糖類や複合多糖類を多量に生成するので，食品にこれらが繁殖すると食品表面が粘性を帯びる。

(2) 窒素化合物の変化

一般に動物性食品には窒素化合物としてタンパク質や遊離アミノ酸が多く含まれており，微生物のタンパク質分解酵素（**プロテイナーゼ，プロテアーゼ**）により加水分解され，ポリペプチド，ペプチドを生じる。ペプチドを生じると食品に苦味を与える。ポリペプチド，ペプチドは**ペプチダーゼ**の作用を受けて最終的にアミノ酸になる。アミノ酸はさらに微生物の酵素作用を受ける。それを化学反応的に見ると次のようになる。

1) 脱アミノ反応 アミノ酸に腐敗細菌が作用してアミノ基が離脱する反応であり，アンモニアが生じる。ほとんどの微生物は脱アミノ反応に関与する酵素をもっているので，アンモニアの生成量をもって食品腐敗の指標とする場合が多い。

酸化的　$R \cdot CHNH_2COOH + O \rightarrow R \cdot CO \cdot COOH + NH_3$
　　　　　アミノ酸　　　　　　　　　　　ケト酸

還元的　$R \cdot CHNH_2COOH + 2H \rightarrow R \cdot CH_2COOH + NH_3$
　　　　　アミノ酸　　　　　　　　　　　飽和脂肪酸

加水分解的　$R \cdot CHNH_2COOH + H_2O \rightarrow R \cdot CHOH \cdot COOH + NH_3$
　　　　　　　アミノ酸　　　　　　　　　　　　ヒドロキシ酸

2) 脱炭酸反応 アミノ酸が脱炭酸反応を受けるとアミノ酸分子の末端のCOOH基が離脱し，相応するアミンを生じる。この反応に関与する脱炭酸酵素は，酸性食品中で細菌が増殖した場合にのみ作られる。中性や微アルカリ性ではこの反応は起こらず，脱アミノ作用が主として起こる。

ヒスチジン　→　ヒスタミン　　　　チロシン　→　チラミン
リシン　　　→　カダベリン　　　　アルギニン　→　アグマチン
オルニチン　→　プトレシン　　　　グルタミン酸　→　γ-アミノ酪酸

ヒスチジンの脱炭酸反応で生じる**ヒスタミン**は，多量に摂取するとアレルギー様症状を起こすことがあり，その生産菌として *Proteus morganii* がよく知られている。また，チロシンの脱炭酸反応で生じるチラミンもアレルギー性食中毒の原因となる。

3) 脱アミノと脱炭酸の並行作用 次のような反応経路がある。

加水分解的 $(CH_3)_2CHCH(NH_2)COOH + H_2O \rightarrow (CH_3)_2CHCH_2OH + NH_3 + CO_2$
　　　　　　　　　バリン　　　　　　　　　　　　イソブチルアルコール
酸　化　的　$CH_3CH(NH_2)COOH + O_2 \rightarrow CH_3COOH + NH_3 + CO_2$
　　　　　　　　　　アラニン　　　　　　　　　　　酢酸
還　元　的　$CH_2(NH_2)COOH + H_2 \rightarrow CH_4 + NH_3 + CO_2$
　　　　　　　　グリシン　　　　　　　　　　メタン

4）その他の反応　イオウを含む含硫アミノ酸が分解されると，アンモニアのほかに硫化水素，メルカプタンを生じる。トリプトファンが微生物酵素で分解されるとインドールやスカトールを生じる。タンパク質性食品でこれらが生じると，腐敗臭といわれる強い悪臭を発する。

（3）その他の成分の変化

食品中の油脂は主として中性脂肪であるが，微生物のリパーゼやリポキシゲナーゼの作用で遊離脂肪酸が生じる。遊離脂肪酸はさらに微生物の作用や脂質の自動酸化を受けて過酸化脂質に変化する。これら過酸化脂質はやがてアルデヒド，ケトン，エポキシドなどの2次生成物を生成する。過酸化脂質やその2次生成物は，動物に対して有害であることが分かってきた。また，低級脂肪酸や揮発性脂肪酸，過酸化2次生成物は油脂食品の酸敗臭の原因物質である。

核酸やATPなどを構成するプリンヌクレオチドやピリミジンヌクレオチドは分解されると，アンモニア，アミン，二酸化炭素ガスを生じる。

（4）食品の変色と組織の変化

食品が微生物の作用で変色するのは次の場合が考えられる。
(1) 食品上で増殖する微生物の菌体あるいは胞子自体が特有の色を呈する。
(2) 食品に付着した微生物が菌体外にも色素を分泌し食品を着色する。
(3) 微生物の酵素あるいは生産物が食品成分と反応し食品を変色させる。

上記(1)，(2)について，色素を生産する微生物は3つのタイプに分類される。色素含有菌（chromophorous）は菌体細胞中に色素を含み，それは生活機能に必要な役割をするが培地を着色しない。色素排泄菌（chromoparous）は代謝の副産物として色素を菌体外に分泌する。*Pseudomonas aeruginosa* や *P. syncyanea* がその例である。最初から色調をもって分泌されるものと無色の物質として分

泌され空気に触れるなどで発色するものに分けられる。色素沈着菌（parachromophorous）は生産した色素の一部を細胞内にとどめ，他を排泄する。*Serratia marcescens* がその例である。これら色素は水溶性のものと水不溶性のものに分けられ，後者の場合はアルコール，エーテル，クロロホルム，ベンゼンなど有機溶媒には溶けるが水には不溶であるので培地を着色しない。

　カビは赤，黄，橙，紫などの色素を生産するが，これらはキノン誘導体（アントラキノン，ナフトキノン，ベンゾキノンなど）やカロテノイド系が主である。酵母の *Rhodotorula* は，菌体にカロテノイド系色素をもつ。*Candida pulcherrima* は鉄を含む赤い色のアントシアン系色素をもつ。*Eremothecium ashbyii* は，黄色のリボフラビンを生成する。

　食品の組織を構成する成分が，微生物のセルラーゼ，ヘミセルラーゼ，ペクチナーゼなどの作用を受けると，食品本来のテクスチャーが損なわれ軟化を起こす。

3．おもな食品の腐敗
（1）食　肉　類

　畜肉は，屠殺後24〜48時間で死後硬直を起こす。3〜4日すると硬直がとけ始め熟成の段階に入る。この熟成の段階では，タンパク質が分解されアミノ酸が増加する。この時期は肉の味としては美味しくなるが，一方で細菌の増殖しやすい状態となっている。したがって，食肉は死後硬直および熟成の時期を通して低温に貯蔵するのが基本である。しかし，0℃でも時間が経つと *Pseudomonas* などの低温菌が肉の表面で増殖し腐敗が起こってくる。低温貯蔵でも約10日が限度である。凍結すると数ヶ月の貯蔵が可能である。

（2）鮮　魚　類

　鮮魚は肉内に水分が多く組織がもろいうえ，死後のpH低下の程度が大きくないため細菌が繁殖しやすい。さらに，漁獲時から魚体に低温性の海水由来細菌が多数付着しているので，畜肉に比べると腐敗速度は速い。鮮魚は細菌にとっては好ましい培地であるから温度が高いとすぐに腐敗する。したがって，漁獲後直ちに0℃付近の温度で貯蔵する必要がある。低温貯蔵中も低温性細菌が

次第に増殖してくる。その中で*Pseudomonas*属菌が鮮魚腐敗の主原因であるが，他に*Achromobacter*, *Flavobacterium*, *Micrococcus*, *Vibrio*など多種の菌が関与している。生きている魚類の腸内のミクロフローラは死後腐敗にはあまり関与していないと考えられる。海水などに由来する低温性細菌は魚類の皮膚上で増殖し，皮膚1cm²当たりの生菌数が10^8前後になると初期腐敗の状態になると考えられている。初期腐敗に達するまでの日数は温度によるが，5℃では5日前後，0℃では10数日とされている。

（3）米　　飯

米飯は腐敗し始めると，すえた臭いが生じてくる。これは主に米に付着していた**耐熱性胞子形成細菌**の*Bacillus*属が炊飯後も残存し，米飯が常温のまま放置されると胞子が発芽して増殖を開始するためである。腐敗が進むと米飯が軟化し薄黄色に着色し「ねと」とよばれる粘質物を生じ糸を引くようになる。

（4）パ　　ン

パンによく繁殖するのはカビ類である。パンに生えるカビの主なものとしては，*Rhizopus*属，*Penicillium*属，*Aspergillus niger*，*Neurospora*属などがある。また，パンをちぎったときに糸をひくようになることがある。これはパンの焼き上げが不十分であったり，焼き上がり後の冷却に時間がかかりすぎたり，製造後の保管が悪かったりした場合に耐熱性胞子形成細菌の*Bacillus*属が発芽，増殖して粘性物質を生産するためである。

（5）牛　　乳

牛乳は微生物の生育に適する性状をしており，古来から世界各地でそれぞれ特有の発酵乳製品が作られてきた。他方，非常に腐敗しやすい食品でもある。

牛乳の殺菌法には，低温殺菌（62～65℃，30分，または75℃，15分），**高温短時間殺菌HTST法**（72℃以上，15秒以上），**超高温殺菌UHT法**（130～140℃，1～3秒）などがある。しかし，いずれも牛乳中の微生物を完全に殺菌することはできないので冷蔵保存する必要がある。

牛乳中に検出される細菌は乳酸菌で，*Lactobacillus*属，*Lactococcus*属，*Streptococcus*属が多く，乳酸を生成して牛乳を酸敗し凝固させる。牛乳の汚

染細菌としては *Escherichia coli* や *Enterobacter aerogenes* などのいわゆる大腸菌群が代表的である。これらは糞便に由来するので衛生上重視される。また，土壌や飼料などに由来する耐熱性胞子形成細菌の *Bacillus* 属や *Clostridium* 属が繁殖すると，牛乳タンパク質を分解してガスを発生し不快臭を生じる。*Pseudomonas* 属，*Alcaligenes* 属などのような低温細菌も存在する。特に *Pseudomonas fluorescens* はその代表的菌種で，牛乳タンパク質をペプトン化するとともに乳脂肪を分解してランシッド臭と呼ばれる劣化臭を与える。

(6) 豆　　腐

　豆腐は水分が多く細菌の繁殖に適した栄養成分を含んでいるので保存性はよくない。豆腐の腐敗の原因は，原料大豆由来の1次汚染微生物と製造設備あるいは工程中に外界から混入するもの，流通・販売などの2次汚染微生物である。
　前者では *Bacillus* 属などの胞子形成性細菌が主体であり，後者では乳酸菌，大腸菌群，真菌類があげられる。これらは増殖すると，異味，異臭，変色，表面での粘性物質生成などが生じて品質が低下するので，豆腐類は低温に保存することが必要である。凍結は組織を変性させ，離水も著しくなるので避けなければならない。充塡豆腐は，充塡・密封後に加熱するので細菌の混入はほとんどなく，保存性も他の豆腐に比べれば優れているが，長期保存はできない。

(7) 卵

　卵の殻には気孔という微細な呼吸孔が無数に開いており，細菌が通過できる大きさである。殻表面にはクチクラという糖タンパク質が薄く覆って気孔を塞ぎ，細菌の侵入を防いでいる。しかし，クチクラの一部が欠損していたり，洗浄時に剥げたりする。特に洗卵時には菌の多く混入した洗液とともに菌が卵内部に侵入しやすい。殻を通った菌は，卵殻膜に物理的に突き当たるが，時間が経てば卵白中に侵入してくる。卵白中には種々の抗菌物質が含まれており，特にリゾチームという酵素が溶菌性を発揮するため，侵入した菌がすべて繁殖するわけではないが，それらのうちグラム陰性菌はよく繁殖するので，卵を長期保存した場合しばしば卵を腐敗させる。
　腐敗のしかたは菌の種類によって異なる。*Aeromonas* 属の菌では，黒玉と

いって卵黄を真っ黒に変化させ悪臭を放つようになる。*Proteus*属の菌では卵の中身が褐色に変わる。*Pseudomonas*属の菌では，卵黄や卵白に緑変や青変を起こしたり強い蛍光を発光させることがある。一般に*Aeromonas*属や*Pseudomonas*属などの低温性菌が，腸内細菌類などよりも人の感覚で感知できる変化を起こしやすい。しかし，繁殖した菌が卵の中身に色や臭いの変化を起こすのは菌数が10^7～10^8以上に増えた場合であり，それ以下では感知が難しい。最近，わが国では卵由来と考えられる*Salmonella enterica* serovar Enteritidis（ゲルトネル菌）による食中毒が急増してきている。卵の保存性は，産卵後10℃で約3週間，20℃で約2週間，30℃では約1週間，冷蔵庫（5℃）内では約3ヶ月が目安である。

(8) 缶　　詰

　缶詰食品の殺菌は，普通の貯蔵条件下で腐敗しない程度に行われているだけで，缶詰の内容物が無菌状態なわけではない。缶詰内に胞子が残存している場合があり，それが比較的高温に長期保存されたときに発芽増殖して腐敗を起こすことがある。内容物が腐敗してガスが発生すると，普通まず片面膨張が起こる。これをスプリンガーという。さらに腐敗が進行すると両面とも飛び出した状態になる。その程度によってソフトスウェル，ハードスウェルに区別する。

　一方，腐敗しても膨張しない場合もある。ガス発生がなく多量の酸を生じる場合で，フラットサワーといわれている。胞子形成高温細菌により炭水化物から乳酸が生成するためである。

　また，嫌気性耐熱細菌により硫化水素を発生する腐敗では，硫化水素が水に溶け缶の膨張をともなわない。これらの原因菌は普通*Bacillus*属か*Clostridium*属である。両菌とも胞子は耐熱性であり，缶詰の真空条件でも嫌気性の*Clostridium*属はもちろん，通性嫌気性の*Bacillus*属の胞子も発芽増殖する。

4．初期腐敗の識別

　初期腐敗とは，必ずしも新鮮ではないが外観的に明らかな腐敗に達していない状態をいう。人が気づかず食する可能性がある初期腐敗を判定することは，

食中毒などを防止する観点から重要である。

(1) 感覚的な感知法

人の感覚，すなわち嗅覚，視覚，触覚，味覚で感知する直接的方法である。簡単であるが判定には個人差がある。また，腐敗の程度を客観的な数値として表現できない欠点があるが，きわめて鋭敏で迅速な方法で，熟練の度合によって信頼性を高くすることができる。項目として，視覚では色調の変化や沈殿・凝固物の発生など，嗅覚では腐敗臭（アンモニア臭・アミン臭・酸敗臭・アルコール臭など）・生ぐさ臭・刺激臭など，味覚では異味・酸味・苦味などがある。

(2) 生菌数の測定

一般の食品は，普通1g当たり$10^2 \sim 10^4$の微生物が付着している。食品上で生存しているこれらの微生物が増殖し生菌数が1g当たり$10^7 \sim 10^8$に達すると初期腐敗と判定される。したがって，食品の可食性を判定するのに生菌数測定は有力な手段である。発酵乳における乳酸菌のようにある種の微生物を大量に増殖させた食品もあり，この場合は食品の品質評価のために生菌数の測定が行われる。

(3) 化学的検査法

1) pHの変動　腐敗に伴うpHの変動は食品が含む成分によって異なる。一般的には腐敗が始まるとpHははじめ低下するが，細菌が増殖し腐敗が進行するとともに逆に上昇していく場合が多い。デンプン，グリコーゲンなど糖質の多い食品では，細菌の作用で有機酸が生成するためpHの低下が大きい。

2) 揮発性塩基窒素　タンパク質を多く含む食品は腐敗に伴い**アンモニアやアミン類**などの揮発性窒素が蓄積するのでその生成量を測定する。食品100g中の揮発性窒素のmg数（mg％）で表す。一般に生鮮魚肉では5〜10mg％，初期腐敗魚肉では30〜40mg％，腐敗魚肉では50mg％以上である。サメやアンコウなど尿素含有量が多い軟体魚類や納豆には，新鮮時でもアンモニアが多量生成されているのでこの目安は適用できない。

3) トリメチルアミンと不揮発性アミン　肉に含まれるトリメチルアミンオキシドは，細菌によって**トリメチルアミン**に分解され生ぐさ臭の原因となる。

魚種によってトリメチルアミンの生成程度は異なるが、一般に腐敗初期には検体100g当たり4〜10mgとなる。

　アミノ酸の脱炭酸反応で生じるカダベリン（リシンから），プトレシン（オルニチンから），アグマチン（アルギニンから），ヒスタミン（ヒスチジンから）などが食肉類，魚肉類の鮮度指標となる。牛肉では生菌数の増加とともに**プトレシン量**が多くなり，初期腐敗では100g当たり1〜2mgとなる。また，魚では**カダベリン**が15〜20mg，イカでは**アグマチン**が30mg以上になると初期腐敗の段階である。**ヒスタミン**は魚種や保存温度によって生成が異なるが初期腐敗直前に増加する。

2．食品の保存と微生物管理

　微生物学の進歩により微生物の生育制御技術が確立され，食品の微生物による変質をかなりの程度防止できるようになってきた。しかし，厳しい生育条件下でも生存できる微生物も存在するため，微生物による食品の変質を完全に止めることは不可能である。

　微生物制御により食品の腐敗や変敗を防止する基本原理は，対象食品やそれを取り扱う環境などに存在する微生物の増殖を抑制したり，積極的に死滅させたり，系外へ排除することである。微生物制御を目的として用いられている種々の方法は，殺菌，除菌，静菌，遮断の4つに大別される。どのような方法を適用するかは扱う食品の種類や流通方法と期間に応じて選択すべきである。その場合，効果だけでなく食品に与える品質低下が最小限となるよう考慮し，1種類の方法だけでなくいくつかの方法を組み合わせて保存目的を達成するような工夫が必要である。

　表5-1に種々の微生物制御法をまとめて示した。殺菌は積極的に多数の微生物を短時間に死滅させる方法で，普通，熱殺菌と冷殺菌，その他に分類される。除菌は食品や環境などに存在する微生物を系外に排除することで，静菌は微生物の増殖を抑制することである。遮断は食品と微生物が接触しない環境を

表5-1 微生物制御法

基本原理		方 法
殺 菌	熱殺菌	低温，高温，湿熱，乾熱，高周波，赤外線
	冷殺菌	放射線（X線，ガンマ線，紫外線など）照射
		薬剤使用（液体，ガス，固体）
	その他	超音波，超高圧，電気的衝撃
除 菌		ろ過，遠心分離，洗浄
静 菌	低 温	冷蔵，冷凍，氷温
	水分除去	乾燥，燻煙，濃縮
	酸素除去	真空，脱酸素剤，ガス置換（CO_2，N_2）
	物質添加	塩蔵，糖蔵，酢漬，保存料（食品添加物）
	発 酵	抗菌性物質（バクテリオシン）
遮 断		包装，コーティング，クリーンルーム

（芝崎勲：食品保存便覧，p.115，梅田圭司ほか編，クリエイティブジャパン　1992を改変）

作り出すことである。

1．加 熱 殺 菌

　微生物が生育するためには環境温度の影響が重要で，生育最適温度を中心にして生育可能な上限と下限の温度がある。加熱殺菌は目的とする微生物の生育上限温度以上の高温によって微生物を迅速に死滅させる技術である。

　食品の腐敗に関係する種々の微生物の熱死滅温度を要約して表に示した。表5-2は細菌，表5-3は細菌胞子，表5-4はカビ，表5-5は酵母の熱死滅条件である。有胞子性の病原菌，食中毒菌，腐敗菌は100℃以上の高温でないと短時間で死滅しないが，無胞子性のものは60℃前後でも短時間で死滅する。表5-3から細菌胞子を短時間に死滅させる条件として，一般に100℃以上の高温条件が必要なことが分かる。表5-4，表5-5から，真菌ではカビ菌糸，分生

表5-2 細菌(腐敗細菌, 病原菌, 食中毒細菌など)の熱死滅条件

菌　種	温度(℃)	D値*(分)
Aeromonas hydrophila	48	2.5-6.6
Bacillus cereus	50	2.13
B. subtilis	50	1.93
Campylobacter jejuni	55	9.74-10.0
Clostridium botulinum A	110	1.6-4.4
Escherichia coli	60	0.27
Lactobacillus viridescens	80	9.5
Listeria monocytogenes	62	0.1-0.4
Micrococcus cryophilus	40	15
M. lactis	57	1.0
M. saprophyticus	60	2.5
Pseudomonas fluorescens	53	4.0
P. fragi	50	7.4
Serratia marcescens	60	0.17
Salmonella enterica serovar Enteritidis	55	5.5
Sal. enterica serovar Typhimurium	55	10
Staphylococcus aureus	60	4.9-8.2
Staph. epidermidis	60	1.5
Streptococcus pyogenes	60	0.4-2.5
Vibrio cholerae	60	0.63
Yersinia enterocolitica	62.8	0.24-0.96

＊D値：一定温度で加熱して生菌数を1/10に減少させるのに必要な時間
(芝崎勲：食品保存便覧, p.116-117, 梅田圭司ほか編, クリエイティブジャパン 1992から抜粋)

胞子, 酵母栄養細胞は約60℃前後で短時間に死滅するが, 子嚢胞子は熱抵抗性が大きく短時間で死滅させるには80℃以上の高温が必要なことがわかる。また, 通常の加熱殺菌は水分の豊富な条件下で行われることが多いが, 乾熱殺菌が行われることもある。湿熱と乾熱における耐熱性の比較を表5-6に示した。どの微生物でも乾熱では数10℃高い温度を必要とすることが分かる。

　加熱殺菌法が適用されている食品としてレトルト食品がある。食品を密閉容器に封入・充填し, 高圧殺菌装置（レトルト）で加熱殺菌処理（120℃, 4分）して食中毒菌や胞子を死滅させた常温流通可能な食品群のことで, 缶詰, びん詰,

表5-3　細菌胞子の熱死滅条件

菌　種	温度(°C)	D値*(分)
Bacillus 属		
B. apiarius	100	5
B. breus などの低温性 *Bacillus*	90	4.4-6.6
B. coagulans	121	3.0
B. licheniformis	100	13.5
B. megaterium	100	1.0-2.1
B. stearothermophilus	121	0.08-0.9
B. cereus	100	0.4-14
Clostridium 属		
C. aureofaetideum	90	139
C. butyricum	85	18
C. sporogenes	121	0.15
C. thermoaceticum	121	44.4
C. thermosaccharolyticum	124	72.5
C. tyrobutyricum	96	6.5-21

＊D値：一定温度で加熱して胞子数を1/10に減少させるのに必要な時間
(芝崎勲：食品保存便覧，p.117，梅田圭司ほか編，クリエイティブジャパン　1992から抜粋)

表5-4　カビの熱死滅条件

菌　種		温度(°C)	D値*(分)
Aspergillus chevalieri	子嚢胞子	65	50
A. flavus	子嚢胞子	55	3.1-28.8
A. niger	分生胞子	50	4.0
A. parasiticus	分生胞子	55	6.3-8.4
Byssochlamys fulva	子嚢胞子	88	10
Geotrichum candidum	栄養細胞	52	30
Humicola fiscoatra	厚膜胞子	80	108
Penicillium vermiculatum	子嚢胞子	90.6	2.2
P. thomii	分生胞子	60	2.5
Xeromyces bisporus	子嚢胞子	60	2.7-3.6

＊D値：一定温度で加熱して数を1/10に減少させるのに必要な時間
(芝崎勲：食品保存便覧，p.117，梅田圭司ほか編，クリエイティブジャパン　1992から抜粋)

表5-5 酵母の熱死滅条件

菌　種	温度(℃)	D値*(分)
Candida nivalis	40	15
C. utilis	50	9.7
Pichia anomala	50	28.5
P. membranaefaciens	54	5
Rhodotolula rubra	51	38
Saccharomyces bailli	60	0.3
〃　　子嚢胞子	60	8.1
S. cerevisiae	60	0.11-0.35
〃　　子嚢胞子	60	5.1-19.2
S. chevalieri	60	0.1-0.35
〃　　子嚢胞子	60	9.2-16.4
Zygosaccharomyces rouxii	50	14.2
S. pastorianus	55	0.3
〃　　子嚢胞子	55	15.0

＊D値：一定温度で加熱して数を1/10に減少させるのに必要な時間
（芝崎勲：食品保存便覧, p.117, 梅田圭司ほか編, クリエイティブジャパン 1992から抜粋, 一部菌種名改）

表5-6 湿熱と乾熱における耐熱性の比較

菌　種	死滅条件（温度, D値*）	
	湿　熱	乾　熱
Escherichia coli	55℃, 20分	75℃, 40分
Bacillus subtilis 5230	120℃, 0.08〜0.48分	120℃, 154〜295分
Bacillus sp. ATCC 27380	80℃, 61分	125℃, 139時間
Clostridium sporogenes PA3679	120℃, 0.18〜1.4分	120℃, 115〜195分
Salmonella enterica serovar Typhimurium	57℃, 1.2分	90℃, 75分
Aspergillus niger 分生胞子	55℃, 6分	100℃, 100分
A. flavus 分生胞子	55℃, 3分	110℃, 60分
Saccharomyces cerevisiae	60℃, 0.35分	140℃, 0.3分
Pichia anomala	50℃, 28.3分	115.6℃, 0.77分

＊D値：一定温度で加熱して生菌数を1/10に減少させるのに必要な時間
（芝崎勲：食品保存便覧, p.119, 梅田圭司ほか編, クリエイティブジャパン 1992から抜粋, 一部菌種名改）

フィルム包装食品，プラスチック系容器詰（いわゆるレトルト）食品などがそれである。レトルトパウチ食品と呼ばれているのは，アルミ箔などを積層したフィルムで包装または成型容器に封入した食品である。

　牛乳の殺菌については前に述べたが，牛乳は熱で破壊されやすい微量栄養素を含むので，少なくとも病原菌を死滅させるために，HTST法またはUHT法が広く適用されている（p.129参照）。

2．冷　殺　菌

　冷殺菌は，加熱によらずに微生物を短時間で死滅させる技術で，紫外線，X線，ガンマ線などの電磁波を利用する放射線照射と化学薬剤を用いる薬剤殺菌がある。

（1）放射線照射

　食品照射ともいわれ電離放射線を照射して殺菌，殺虫，発芽発根の抑制などの効果を利用して食品の保存期間を延長する方法である。この方法は熱をともなわないので食品自体の品質を損なわずに処理でき，包装や容器中に食品を入れたまま大量に処理できるなどの利点がある。欧米では一部の食品の殺菌が法的に許可されている。日本ではじゃがいもの発芽防止の目的での照射処理が厚生労働省から認可されているが，微生物の殺菌を目的とする照射は許可されていない。

　放射線源としてはコバルト60，セシウム137などの核分裂生成物が用いられる。放射線に対する微生物の感受性は，菌の種類と細胞の生理状態によって異なるが一般的に次のことがいえる。

　⑴　グラム陽性細菌は，グラム陰性細菌に比べて放射線抵抗性が高い。
　⑵　胞子形成細菌は，非形成細菌より放射線抵抗性が高い。
　⑶　カビや酵母は，グラム陽性細菌より抵抗性は低く，酵母はカビより抵抗性が高い。

（2）薬　剤　殺　菌

　作用の強い抗菌性物質は，原理的には殺菌剤として利用可能であるが，食品

自体に直接使用することは少なく，食品の包材や用水殺菌，食品を取り扱う環境の殺菌に用いるのが主である。食品添加物としての殺菌剤にはサラシ粉や高度サラシ粉，次亜塩素酸，次亜塩素酸ナトリウム，過酸化水素がある。これらも含めて環境殺菌剤として使用されているものは，ヨード，ヨードホルム，酸素系殺菌剤としてオゾンや過酢酸*，アルコール類としてエタノールやイソプロパノール，界面活性剤，フェノール系殺菌剤などである。

食品添加物による保存については後述する（p.141）。

3．冷凍・冷蔵・氷温貯蔵

食品を低温で保存することは，腐敗の原因である微生物の増殖を抑え，生鮮食品などの場合には食品に存在する酵素の作用も抑制して変質を防止でき，保存期間を延長することができる。一般に食品を凍結温度以下で保存することを冷凍，常温以下，凍結温度以上で保存することを冷蔵と呼んでいる。最近の温度管理技術の発達により，冷凍・冷蔵の境界にまたがった温度範囲での貯蔵も行われている。生鮮食品や加工食品を氷冷温度範囲（0℃付近を中心に凍結すれすれの温度，約＋2〜−5℃）で貯蔵する**チルド貯蔵**または**氷温貯蔵**がそれである。

微生物は低温条件下では増殖速度が低下する（世代時間が長くなる）。しかし，生存はしているので温度が高くなると増殖が速くなる。大部分の食中毒菌は低温ではほとんど増殖せず毒素も生産しないが，*Listeria monocytogenes*, *Yersinia enterocolitica* など一部の食中毒菌は−1〜＋1℃の低温でも増殖できる。また *Clostridium botulinum* や *Bacillus cereus* などの胞子形成菌は3〜5℃で増殖する。

冷凍法には緩慢冷凍と急速冷凍がある。前者では食品の温度をゆっくり下げて凍結させるため，食品組織中の水は大きな氷の結晶となり組織を破壊するので，解凍したとき食品から流出するドリップが多く微生物が繁殖しやすい状態となる。一方，急速冷凍では，組織内の水は小さな氷の結晶となり組織の破壊

---

*過酢酸：CH_3COOOH

が少ないので，解凍時ドリップが少なく微生物による変質も少なくなる。

冷凍食品は食品衛生法で，①不可食部の除去，調理，ブランチングなどの前処理を施したもの，②急速凍結したもの，③-15℃以下の品温にしたもの，④包装されたもの，の4つの条件を満たしたものとされている。

4．塩蔵・糖蔵

魚介類や野菜類，食肉などに食塩や砂糖を多量に添加すると，それらの浸透圧により食品が脱水され，食品の水分活性が低下することにより微生物の生育が抑制される。微生物自体も食塩や砂糖によって体内水分が減少して生育できなくなる。塩蔵ではさらに，食塩水中で酸素濃度の溶解性が低下するため好気性菌の生育が抑制されることや塩素イオンの直接的な殺菌効果，食品中の酵素に対する食塩の阻害効果などが合わさり，食品の貯蔵性向上に貢献する。

食塩濃度に対する抵抗性は微生物の種類によって異なる。大部分の腐敗菌や病原菌は，食塩濃度10％以上で生育を阻止できる。好塩性細菌や耐浸透圧性酵母では15％以上の食塩溶液や高濃度の砂糖液でも生育するものがある。またカビは一般に食塩耐性が強く，アオカビでは菌株によって25％の食塩濃度でも生育できる。糖蔵の場合は一般に50～60％以上の高濃度で多くの微生物の生育を抑制できる。糖蔵に用いる糖は分子量が小さく溶解度の大きいものほど保存効果がある。同じ重量ではスクロースより転化糖やグルコースの方が優れている。

5．酢　　漬

微生物の生育にpHの影響が大きいことは第3章に述べた (p.66参照)。

古くから食品の保存用として食酢が使用されてきた。これは，腐敗を起こす一般細菌類は中性付近で最もよく繁殖し，pH5以下では生育が抑制されるからである。しかし，カビや酵母は微酸性の方がむしろよく生育する (pH5.0～6.0)。細菌でも乳酸菌はpH3.5まで生育し酢酸菌はさらに低いpHまで生育できる。

食品保存用の酸は主として酢酸，乳酸などの有機酸が使用される。これは，同じpHでは塩酸や硫酸のような無機酸よりも有機酸の方が保存効果が大きく

味もよいからである。ピクルスやソースのように1.5～2％の酢酸を添加するものや種々の漬物のように発酵で生じた乳酸が保存効果を高める食品もある。また酸と共に食塩，アルコールなどを添加すると保存効果は一層大きくなる。

6．乾燥・燻煙

食品の水分を除去することにより，微生物の繁殖や酵素反応を抑制することができる。たいていの食品では水分除去と平行して水分活性も低下する。一般に細菌では水分活性が0.9以下，酵母では0.8以下，カビでは0.75以下で生育が抑制される。

食品の乾燥法は多くの種類があるが，食品の原材料や目的とする製品の性質によって最適な乾燥方法を選択することが必要である。種々ある乾燥法の中で，乾燥による成分変化が少なく復元性が優れているなどの点で**真空凍結乾燥法**は最も優れた方法である。これは真空中で食品を凍結状態のままで，水が昇華する性質を利用して脱水する方法である。

燻煙は肉や魚の風味付けと保存性付与の両効果がある。食肉や魚介類を塩漬処理した後，100～400℃の高温で木材を乾留した燻煙中でいぶす。その間に乾燥と脱水が起こり燻煙成分が食品に吸着する。燻煙成分はアルデヒド類（ホルムアルデヒド，アセトアルデヒド），アルコール類（メタノール，エタノール），有機酸（ギ酸，酢酸，安息香酸），フェノール類（フェノール，クレゾール）などで，これらの物質が抗菌と抗酸化の性質をもたらす。燻煙法は殺菌よりも静菌作用に分類されるものである。

7．食品添加物による保存

食品の変質や腐敗を防止する目的で用いられる食品添加物は，保存料（または防腐剤），防かび剤，殺菌料である。一般に微生物の生育を阻止したり殺菌効果を示す物質は人に対しても有害となることも考えられるので，使用食品の種類や使用量などが使用基準として定められ，食品衛生法によって厳しく規定されている。

微生物の生育を抑制し食品の腐敗を防止するためには，これまで述べてきた方法でかなりの程度その目的を達せられる。したがって，保存料，防かび剤や殺菌料の使用は食品保存の補助的手段と考えるべきものであり，これら食品添加物に全面的に依存して食品を保存するというのは正しい態度とはいえない。

現在わが国で指定されている保存料，防かび剤や殺菌料（表5-7）の大部分は酸型であり，食品のpHによって効力がかなり異なるので，使用に当たっては注意が必要である。また，漂白剤として使用される亜硫酸塩には抗菌作用があり，保存料としても使用されている。細菌より真菌に対して抗菌作用が強い。発色剤として用いられる亜硝酸にも抗菌作用があり，特に *Clostridium botulinum*（ボツリヌス菌）に対して50～200ppmで増殖を阻止する。乳化剤の

表5-7　食品添加物としての主な保存料，防かび剤と殺菌料（2015年1月現在）

種類（用途）	使用基準の有無	添加物名
保存料	有—指定添加物	安息香酸，安息香酸ナトリウム，ソルビン酸，ソルビン酸カリウム，ソルビン酸カルシウム，亜硫酸ナトリウム，二酸化硫黄，デヒドロ酢酸ナトリウム，ナイシン，パラオキシ安息香酸のエステル類，プロピオン酸，プロピオン酸カルシウム，プロピオン酸ナトリウム
	無—既存添加物	しらこたん白抽出物（プロタミン），ヒノキチオール抽出物（ツヤプリシン），カワラヨモギ抽出物（カピリン），ε-ポリリジン，ペクチン分解物など
防かび剤（国内産の果実に使用されることはほとんどない）	すべて有	アゾキシストロピン，オルトフェニルフェノール，オルトフェニルフェノールナトリウム，イマザリル，ジフェニール，チアベンダゾール，ピリメタニル，フルジオキソニル
殺菌料	有	亜塩素酸水，亜塩素酸ナトリウム，過酸化水素，次亜塩素酸水，次亜塩素酸ナトリウム
	無	高度サラシ粉

グリセリン脂肪酸エステルやスクロース脂肪酸エステルなどは，嫌気性胞子形成菌に対して抗菌作用を示す．

8．食品製造における衛生管理

1960年代は宇宙開発の時代の幕明けであった．当時，宇宙食が開発される過程で宇宙飛行士の食事を通して地球の病原微生物が宇宙に撒き散らされはしないかという懸念が生じた．これに端を発して，微生物に限らず予測されるあらゆる食品危害を未然に取り除いたり防ぐための考え方，管理方式が生まれた．

それが Hazard Analysis and Critical Control Point（**HACCP（ハサップ）**：危害分析と重要管理点）システムである．1989年，アメリカの National Advisory Committee on Microbiological Criteria for Food（食品の安全のための微生物基準検討委員会）は，食品の安全性対策として HACCP の考え方を採択し，その普及のために7つの原則（表5-8）を公表した．その後，1993年にFAO／WHO の食品規格委員会のガイドラインにもこの7原則が採用された．

一方，わが国における最近の食を取りまく環境を見ると，腸管出血性大腸菌O157による大型食中毒の発生，ダイオキシンをはじめとする環境ホルモンの人体への影響問題，輸入冷凍エビからのコレラ菌の検出等々，食の安全性を脅かすことがらであふれている．こうしたことから食品の安全性確保のためには，これまでのように最終製品の品質や安全性を検査することでは対応が不十分であり，食品の製造環境や工程，流通段階における厳密な衛生管理がもとめられるようになってきた．

このように国際的，国内的な食品の衛生管理への関心の高まりを受けて，わが国においても1994年に HACCP システムによる食品の衛生管理の研究班が組織され，システム導入の準備が開始された．そして，1996年5月の食品衛生法改正時に，HACCP システムが総合衛生管理製造過程の中に位置づけられ承認制度がスタートした．

（1）HACCPシステムの原則とねらい

HACCPシステムは表5-8に示した7原則に基づいて構成されている．(1)

表5-8 HACCPシステムの7原則

項　目	内　容
(1) 危害分析	何が危害であるかを分析する
(2) CCPの設定	どの工程で何を計測するかを決める
(3) モニタリング方法の設定	計測法を決める
(4) CLの設定	計測値の上限を決める
(5) 改善措置の設定	異常時の対処法を決める
(6) 検証方法の設定	うまく機能しているかの確認法を決める
(7) 記録文書の作成保管方法の設定	計測法の全容，計測結果を記録し文章化する

の危害分析とは，食品の安全性を確保するため，原料の生産・収穫から製造加工・流通を経て消費に至るまでの過程における潜在的な危害を，その起こりやすさや起こった場合の危害程度などを含めて明らかにし，加えて各々の危害に対する防止措置を明らかにすることをいう。(2)のCCP（重要管理点）とは，危害分析で明らかにされた潜在的危害を回避するために設定する管理点のことである。それらは原材料の受け入れ・生産・収穫・輸送・加工・貯蔵などの食品製造の全過程において適切な箇所に設定されなければならない。

現実的には，各CCPにおいて危害を除いたり減らすために，監視すべき事項を設定し，それがあらかじめ設定した管理基準（CL，許容限界）を超えることのないように的確にモニタリングをすることが必要である。モニタリングの事項は，短時間で正確な結果が得られ連続的に監視できることが理想的で，pH，温度，圧力，流量などがあげられる。これらのパラメータにCLを設定しておき，もしパラメータ値がCLから外れることが起こった場合に，それに対応できる改善措置を設定しておく。さらに，このシステムに沿った管理計画全体が効果的に機能しているかどうかを検証する。そのための検証方法を設定する。最後にこのシステムに関わるすべての記録の取り方とその保管方法を決めておく。これらのすべてがHACCPシステムによる管理計画に含まれる。

以上のような原則的事項は，従来の衛生管理においてまったく考慮されてい

なかったわけではないが，本システムにおいては管理の原則が体系づけられ，CCPへの管理を集中して行うことで，より効率的で確実な衛生管理が実施できることになる。本システムはそもそも微生物汚染の衛生管理を目指して開発されたものであるが，現在では農薬など化学物質による汚染や異物などの物質混入を管理するのにも有効な方法とされている。

HACCPシステムに従った食品製造の管理計画は，食品の種類や製造方法ごとに作成されなければならない。

（2）HACCPプラン作成手順

HACCPプランは原則的に表5-9に示した12手順により作成することになっている。

(1) この計画作成チームは，対象食品の製造に関わる技術，機械設備，製造工程と作業内容，品質管理，食品衛生に詳しい専門家，必要に応じ病原微生物や有害化学物質の専門知識を有する者などから編成されなければならない。

表5-9　HACCPプランの作成12手順

(1) HACCPチームの編成
(2) 製品（含原材料）についての記述
(3) 使用方法についての記述
(4) フローダイヤグラム（製造工程一覧表）の作成，各工程の標準的作業内容の詳細を文章化し標準作業手順書を作成，施設内見取図の作成
(5) (4)について操業時間内の実地検分
(6) 危害分析実施
(7) CCPの確定
(8) CLの設定
(9) モニタリング方法の設定
(10) 改善措置の設定
(11) 検証方法の設定
(12) 記録保存と文書作成の設定

(2) 製品には，名称，組成，特性，包装，原材料，副原料，食品添加物，保存条件を含めて記述する。

(3) 製品の使用方法を明記する。ある危害に対して感受性の高い集団が含まれるか否かに注意をうながすように明記する。

(4) 製造工程をフローチャートとして記載する。施設内での相互汚染の可能性を確認するため，施設見取り図を物と人の流れを含めて作成する。

(5) 操業時間中の実際の作業工程を実地検分し，見取り図をより完璧なものとする。

(6) 7原則の1番目の危害分析を行う。

(7)〜(12) 以下，7原則に従って計画を実施する。

3．食　中　毒

1．食中毒の概要

　食中毒とは，飲食物の摂取にともなって発生する胃腸炎を主症状とする急性あるいは亜急性の健康障害と定義されている。同様な飲食物による健康障害であっても，消化不良や異物混入による物理的障害などは食中毒とはいわず，また寄生虫による病気などは食中毒とは別に取り扱われている。

　食中毒の原因物質が，細菌そのもの（感染型食中毒）かあるいは食品中で細菌が増殖しながら産生した毒素（毒素型食中毒）である場合を細菌性食中毒という。また原因がウイルスである場合をウイルス性食中毒，化学物質である場合を化学性食中毒，植物や動物の生産する物質である場合を自然毒食中毒という。本稿では細菌性食中毒，ウイルス性食中毒とカビ毒について述べる。

　食中毒が毎年どれくらい発生しているかを正確に知ることは難しい。なぜなら食中毒統計に表れるのは実際に診察した医師から届け出のあったものだけであり，医師にかからない，いわゆる食あたりとして片付けられる食中毒は非常に多いと推測されるが，それらは統計数字には表れないからである。

　わが国における2010〜2014年の5年間の全食中毒（表5-10）発生状況およ

表5-10 わが国における食中毒発生状況，2010-2014年

年次	発生件数	患者数(名)	死者数(名)
2010	1,254	25,972	0
2011	1,062	21,616	11
2012	1,100	26,699	11
2013	931	20,802	1
2014	976	19,355	2
合計	5,323	114,444	25

(厚生労働省ホームページ「食中毒統計調査」より)

表5-11 わが国における細菌性・ウイルス性食中毒の発生状況，2010-2014年合計

	件数(％)	患者数(％)	死者数(％)
原因物質判明総数	5,080 (100)	109,319 (100)	25 (100)
細菌性食中毒総数	2,343 (46.1)	38,896 (35.6)	18 (72.0)
サルモネラ属菌 Salmonella	249 (4.9)	7,515 (6.9)	3 (12.0)
黄色ブドウ球菌 Staphylococcus aureus	169 (3.3)	4,413 (4.0)	0
ボツリヌス菌 Clostridium botulinum	2 (0.04)	3 (0.0)	0
腸炎ビブリオ Vibrio parahaemolyticus	69 (1.4)	1,001 (0.9)	0
腸管出血性大腸菌	106 (2.1)	2,335 (2.1)	15 (60.0)
その他の病原大腸菌 Diarrheal Escherichia coli	51 (1.0)	3,322 (3.0)	0
ウェルシュ菌 Clostrudium perfringens	118 (2.3)	8,729 (8.0)	0
セレウス菌 Bacillus cereus	41 (0.8)	423 (0.4)	0
エルシニア・エンテロコリティカ Yersinia enterocolitica	5 (0.1)	203 (0.2)	0
カンピロバクター・ジェジュニ/コリ Campylobacter jejuni/coli	1,496 (29.4)	9,711 (8.9)	0
ビブリオ・コレレ 非01 Vibrio cholera non-01	5 (0.1)	448 (0.4)	0
その他の細菌（コレラ菌，赤痢菌，チフス菌，パラチフスA菌を含む）	32 (6.3)	763 (0.7)	0
ウイルス性食中毒総数	1,789 (35.2)	66,426 (60.8)	0
ノロウイルス	1,732 (34.1)	63,333 (57.9)	0
その他のウイルス	57 (1.1)	3,093 (2.8)	0

(厚生労働省ホームページ「食中毒統計調査」より集計)

び細菌性・ウイルス性食中毒発生状況（表5-11）を見ると，食中毒の発生総件数は5,323件（表5-10）で，うち4,132件（発生総件数の77.6％）が細菌性・ウイルス性食中毒である。また患者数で見ると総数114,444名，死者数25名のうち，細菌性・ウイルス性食中毒による患者数105,322名（病因物質判明患者総数の96.3％），死者数18名（病因物質判明死者総数の72.0％）であり，細菌性・ウイルス性食中毒が多発している状況がわかる。ウイルス性食中毒は発生件数も多いが，患者数が全食中毒患者の60％を占めていることが，最近の特徴である。

2．細菌性食中毒，ウイルス性食中毒

　細菌性食中毒には，感染型と毒素型がある。**感染型**は，特定の細菌が食品中で増殖し，これを摂取した人の体内でさらに増殖した大量の菌体が腸管粘膜に作用して症状が起きるものである。この型の主要な原因菌はサルモネラ属菌や腸炎ビブリオである。**毒素型**は，通常食品中で細菌が増殖して毒素を放出し，その毒素によって中毒症状が起きるものである。この型の代表的原因菌は黄色ブドウ球菌，ボツリヌス菌である。1996年に大流行して問題となった腸管出血性大腸菌O157の場合は，少量の菌が付着した食品の摂取によって感染が成立し，体内に定着した菌が毒素を放出して症状を起こす発症機構から両方の型にまたがるタイプと考えられるものである。従来は食中毒菌の病原大腸菌の中に一種として入れられていたが，1996年に急遽，法定伝染病に指定され，1998年の法改正により三類感染症に指定された。

　現在は，細菌性・ウイルス性食中毒の原因微生物として食品衛生法では18種に分類し，指定している（表5-12）。1947年の食品衛生法の食中毒統計ではサルモネラ属菌（腸チフス症原因血清型以外），黄色ブドウ球菌，ボツリヌス菌，腸炎ビブリオ，病原大腸菌（1996年から腸管出血性大腸菌以外）の5つだけが指定されていたが，1982年に，従来から食中毒統計にはあったが指定されていなかったセレウス菌，ウェルシュ菌が再確認され付け加えられた。さらに同年に9種が指定され，その後，1999年の食品衛生法の改正で，エルシニア，カンピロバクター，ナグビブリオ以外は，その他の細菌の中に入れられた（表5-

表5-12 食中毒原因菌（食品衛生法指定）

食品衛生法 (1947年) の食中毒統計で指定 (1999年改正)	1. サルモネラ属菌　　　　 *Salmonella* 2. ぶどう球菌*　　　　　　*Staphylococcus* 3. ボツリヌス菌　　　　　 *Clostridium botulinum* 4. 腸炎ビブリオ　　　　　 *Vibrio parahaemolyticus* 5. 腸管出血性大腸菌　　　 Enterohemorrhagic *Escherichia coli* 6. その他の病原大腸菌　　 Pathogenic *Escherichia coli*
1982年に再確認指定	7. ウェルシュ菌　　　　　 *Clostridium perfringens* 8. セレウス菌　　　　　　 *Bacillus cereus*
1982年新規指定 (1999年改正)	9. エルシニア・エンテロコリチカ　*Yersinia enterocolitica* 10. カンピロバクター・ジェジュニ/コリ　*Campylobacter jejuni/coli* 11. ナグビブリオ　　　　　 *Vibrio cholerae* (non-01)
1999年指定 (および改正)	12. コレラ菌　　　　　　　 *Vibrio cholerae* 01 13. 赤痢菌　　　　　　　　 *Shigella* 属 14. チフス菌　　　　　　　 *Salmonella enterica* serovar Typhi 15. パラチフス菌　　　　　 *Salmonella enterica* serovar Paratyphi A 16. その他の細菌（エロモナス・ヒドロフィラ，エロモナス・ソブリア，プレシオモナス・シゲロイデス，ビブリオ・フルビアリス，ビブリオ・ミミクス，リステリア・モノサイトゲネス等）
1997年指定 (2003年改名)	17. ノロウイルス　　　　　 norovirus 　　（2003年小型球形ウイルス small round virus から改名） 18. その他のウイルス（A 型肝炎ウイルス等）

＊本書本文中では「ブドウ球菌」と表記しているが，ここでは食品衛生法の表記にしたがった。
（厚生労働省ホームページ「食中毒統計調査結果」より集計）

12))。1997年に通達で小型球形ウイルスが指定され（2003年ノロウイルスに名称変更），さらにその他のウイルスという項目も付け加えられた。ウイルスは，従来の食中毒原因細菌の定義に合わないため，症状（病気）はあるが原因菌の中に入れられていなかったが，現実にその中毒が多発しており原因の病原体もウイルスであることが明白になったので，原因菌として指定されたといういき

さつがある。また，1999年12月には，同年4月の感染症法の施行を踏まえ，コレラ・赤痢等飲食に起因する健康被害（foodborne disease）については食中毒であることを明確にするためコレラ菌などの4菌種が追加された（表5-12）。

次の項では，いくつかの代表的な食中毒について述べる。その他の食中毒細菌等については食品衛生学の成書を参照されたい。

(1) サルモネラ

サルモネラは人獣畜に共通の感染症である。動物性食品を介しての感染が主であり，近年（1989年ごろから）特に先進国において多発する傾向が見られる。サルモネラ中毒は，わが国において従来は腸炎ビブリオ，黄色ブドウ球菌に次いで発生件数の第3位を占める状況が長く続いていたが，表5-11に見られるように，最近の5年間では原因菌の患者数では第1位となっている。

サルモネラ属菌には2,000種以上の菌種があり，これらの中で有名なのは，*Salmonella enterica* serovar Typhi（腸チフス菌）と *S. enterica* serovar Paratyphi A（パラチフスA菌）で共に感染症法で定められた三類感染症の原因菌である。

食中毒を起こすのは，*Salmonella enterica* serovar Typhimurium（ネズミチフス菌）と *S. enterica* serovar Enteritidis（ゲルトネル菌）が主で，症状は頭痛，腹痛，下痢，嘔吐など胃腸炎症状に加えて，発熱が必発症状である。原因食品としてサルモネラ属菌に汚染した鶏卵の場合が多く，わが国では鶏卵1万個に3〜50個ぐらいの割合で汚染されていると考えられる。その他の食品として食肉，牛乳，食用蛙などがあげられる。

予防策としては，特に鶏卵の衛生的な取り扱いと鶏卵の流通の改善，十分な調理，食品の低温保存と保存時間の短縮，摂取直前の加熱などがあげられる。

(2) ブドウ球菌

ブドウ球菌はその性状から3種に分類されているが，食中毒を起こすのは *Staphylococcus aureus*（黄色ブドウ球菌）の一部の菌株である。食品中で増殖する際に産生する菌体外毒素のエンテロトキシンの作用によって起こる。激しい嘔吐，下痢を主症状とする**毒素型**食中毒である。健康な人でも約30％は，黄

色ブドウ球菌を腸管内，鼻前庭，咽頭，皮膚などに保菌しており，さらに黄色ブドウ球菌は化膿性疾患の原因菌で傷に感染して化膿を起こし，膿汁中に多数の生菌が認められる。しかし，それらのことでは食中毒は起こらない。

　実際の黄色ブドウ球菌食中毒は，黄色ブドウ球菌に汚染された食品が菌を増殖させる条件下に長時間保存され，食中毒を起こすだけの多量のエンテロトキシンが産生された食品を摂取した場合に起こっている。食品の調理などの通常の加熱で黄色ブドウ球菌の菌体は殺菌されるが，エンテロトキシンはその程度の加熱には安定であるため，エンテロトキシンが産生された後に加熱された食品はこの食中毒の原因となりうる。わが国での原因食品の種類では穀類とその加工品が圧倒的に多く，本食中毒予防上最も注意が必要なのは「にぎりめし」で，次いで多いのが「すし」や「弁当類」である。

　本食中毒は経過が速く，軽症で医師の診断を受けずにすむ場合も多いと推察される。それらは食中毒統計に上らないので実際の本食中毒患者は統計上の数字をかなり上回ると考えられる。本食中毒の予防策としては，化膿性疾患をもつ者は食品を取り扱わないことが重要である。食品の低温保存と保存時間短縮は，他の食中毒に対する予防策と同じく有効である。

(3) 腸炎ビブリオ

　Vibrio parahaemolyticus（腸炎ビブリオ）は好塩性の海水細菌の一種で，海水温度が15℃以上になると海水や魚介類から高頻度で分離される。

　腸炎ビブリオ食中毒は，海産魚介類およびその2次製品に付着した本菌が食品中で増殖し，それを摂取することによって起こる**感染型**の食中毒である。発生時期は夏季に圧倒的に多く，冬季の発生はほとんどない。これは本菌が10℃以下では増殖せず，10℃を超えると増殖しはじめ，30℃以上，35～36℃で最大の増殖速度を示すためである。実際に海水温度が15℃以上になると海水中やプランクトンに付着して増殖がはじまり魚介類の汚染が進行し，気温が30℃を超える盛夏にこれらを1次感染源とする本食中毒が多発している。

　本菌は，汚染地域への海外旅行者が現地でかかる「旅行者下痢症」の主な原因菌のひとつである。この場合夏季に発生が集中する傾向はなく，年間を通じ

て発生が見られる。今後は輸入食品が本食中毒の原因となることが十分予想されるので,わが国で夏季以外でも腸炎ビブリオ食中毒が発生する可能性がある。

予防策としては,魚介類の低温保存が有効である。また魚介類は食べる直前に十分加熱調理すること,魚介類を生で食べる場合は清浄な淡水で十分に洗浄することを実行すると本中毒は確実に予防できる。

(4) 腸管出血性大腸菌

Escherichia coli（大腸菌）は健康人の腸内正常細菌叢を構成する菌の一種である。その中で特定のものが人に対して病原性をもち,下痢を主症状とする食中毒を起こす。これらはその病原性の違いから下記のように5種類に分けられ,わが国ではこれらを総称して病原性大腸菌と呼んでいる[1]。

　⑴ enteropathogenic *E.coli*（EPEC, 腸管病原性大腸菌）
　⑵ enteroinvasive *E.coli*（EIEC, 腸管組織侵入性大腸菌）
　⑶ enterotoxigenic *E.coli*（ETEC, 腸管毒素原性大腸菌）
　⑷ enterohemorrhagic *E.coli*（EHEC, 腸管出血性大腸菌）
　⑸ enteroadherent *E.coli*（EAEC, 腸管付着性大腸菌）

このうちの腸管出血性大腸菌のひとつO157（*E.coli* O157：H7）は,1996年に法定伝染病として,1998年より三類感染症として指定された。

⑷の腸管出血性大腸菌が注目を集めるようになったのは近年のことである。きっかけは1982年にアメリカ西部オレゴン州で発生した集団食中毒である。原因食品はハンバーガーで,患者から*E. coli* O157：H7が分離され,続いて時を経ず中部ミシガン州でもオレゴン州で発生したのと同じチェーンレストランのハンバーガーを原因とする食中毒が発生し,患者から*E. coli* O157：H7が分離された。原因のハンバーガーに使用したひき肉からも同大腸菌が検出された。その後カナダやイギリスにおける食中毒症例からも次々と*E. coli* O157：H7が分離された。

E.coli O157：H7によるわが国最初の集団下痢は,1990年10月埼玉県浦和市の幼稚園で発生し死者2名が出た。1996年に入り本菌による集団食中毒が多発した。症状は激しい腹痛と血便である。下痢は,最初血液が少量認められる

水様便で，やがて鮮血便となる出血性大腸炎の症状で溶血性尿毒症症候群を併発することが特徴である。通常発熱はない。本菌を原因とする食中毒の発症機構は，少量の菌が付着した飲食物の摂取で感染し，体内で菌が定着して放出したベロ毒素によると考えられる。

　$E.coli$ O157：H7は腸管出血性大腸菌（EHEC）やベロ毒素産生性大腸菌（VTEC）と呼ばれてきたが，最近は志賀毒素産生性大腸菌（STEC）と呼ぶことが提案されている。

　$E.coli$ O157：H7の性質について，加熱や冷殺菌，紫外線，放射線，環境殺菌に用いられる化学薬剤などに対する感受性や他の防菌技術の効果が検討された結果，対照とした他の大腸菌と特に異なる性質は有していなかった[2]。本菌の制御は従来から実施されている洗浄や殺菌法で十分効果が得られ，従来から用いられている抗菌物質による静菌も十分可能であるといえる。したがって，本菌による食中毒危害を防止するため，食品製造過程においては従来からの諸技術をシステム化して活用することが現時点で最も要望される。また消費者としては，一般の食中毒の予防法とされていることを徹底して実行することが必要である。

(5) ノロウイルス（小型球形ウイルス）

　本ウイルスが原因と判明した食中毒が最近急増している（表5-11参照）。原因食品は貝類で特にカキが圧倒的に多い。症状の特徴はきわめて強い吐き気，嘔吐，そして下痢である。

　感染経路は，ヒト体内で増殖したウイルスが水系を通じて海に流入し貝類の体内に取り込まれる。生物濃縮の機構で貝の中腸腺にウイルスが蓄積し，その貝を摂取した人で発症すると考えられる。本食中毒を予防するためには，貝類などは十分に加熱調理して食することである。

(6) 細菌性・ウイルス性食中毒の予防

　食中毒の原因となる細菌やウイルスはわれわれの身近に存在しているので，食品を汚染する機会は非常に多い。食中毒を防ぐには食品が食中毒菌に汚染されないようにすることが，まず最善である。個々の項で述べてきたように感染

型食中毒を起こすには多量の菌が必要であるので菌数を増やさないように注意する。口から入る菌数をできるだけ少なくする工夫が大切で，そのためにも食品の汚染を極力防ぐこと，加熱などにより殺菌することである。

また，極微量の細菌が食品に付着していた場合，温度が適当であれば食品上で急激に増殖したり毒素を産生したりするので，調理後できるだけ早く食することも重要である。加熱調理した食品を空気中に放置した場合や人の手で触れた場合，調理器具などに再度触れた場合など，調理済み食品が再汚染される。

調理に携わる人，食品を扱う人は手洗いを励行し，調理器具は常に除菌されたものを使用するよう心がけることである。加熱調理された食品は生のものよりも細菌が増殖しやすい状態であることを理解し，やむを得ず食するまでの時間が長くなるときは必ず低温保存する。

低温保存が有効であるといっても，冷蔵庫を過信することは禁物である。夏季に冷蔵庫への出し入れが頻繁なときや庫内に食品を一度に大量詰め込みすぎたときは，庫内の温度が下がらないことがある。10℃以上では多くの細菌が増殖できることを忘れてはならない。どのような状況で細菌が増殖するかを正しく理解して食品を扱うことが大切である。

3．カ ビ 毒

カビは真菌類に属し，人にとって有用なカビと有害なカビがある。有用なカビは酒，味噌，醤油などの発酵食品やペニシリンその他の医薬品の製造などに利用される。有害なカビは食品，繊維，皮革，木材などに付着して腐敗や劣化を引き起こす。カビが産生する2次代謝産物の中で，人畜に対して毒性を示す物質をカビ毒（**マイコトキシン**）と呼ぶ。カビ毒によって引き起こされる中毒症をカビ毒中毒症または真菌中毒症という。

カビ毒の多くは家畜の中毒症の発生がきっかけで発見されたもので，人の中毒症との関連がはっきりしているものは少数である。カビ毒の毒性は多様で，障害を受ける臓器・組織は，肝臓，腎臓，神経，骨髄など広範囲で，急性中毒以外に発がん性や催奇形性，変異原性を起こすものがある。

カビ毒食中毒と細菌性食中毒を比べると，カビ毒の特徴が明らかになる。

(1) 食中毒細菌の種類は限られているが，カビ毒を産生するカビの種類，産生されるカビ毒の種類はきわめて多い。

(2) 細菌性食中毒の中毒症状は大部分が急性胃腸炎症状であるが，カビ毒の毒性は多様である。

(4) カビ毒は化学的に安定な低分子化合物であり，一般に汚染した食品から除毒は困難である。細菌性食中毒の毒素はたいていはタンパク質性である。

(4) カビ毒の場合，寄生食品での原因菌の存否がカビ毒の存否と必ずしも一致しない。カビが実際に毒を作るのはある一定の条件下だけであり，カビの発生がただちにカビ毒による汚染を意味するとは限らない。逆に一度産生されたカビ毒は食品中に長期にわたり残存する。また，飼料などを通じて家畜に摂取されたカビ毒が肉や乳などに移行して，食品へのカビ付着とは無関係に食品を汚染することがある。

次に代表的なカビ毒について述べる。

(1) **アフラトキシン**

コウジカビ属の一種 *Aspergillus flavus* が産生するカビ毒を**アフラトキシン**という。発見のきっかけは1960年にイギリスで10万羽に及ぶ七面鳥が死亡した事件である。死亡した七面鳥の肝臓は変性・壊死し，糸球体腎炎，腸粘膜の炎症などが認められた。原因は，飼料の一種のブラジル産ピーナッツに増殖した *Aspergillus* 属のカビの代謝産物であることが判明し，その物質はアフラトキシンと命名された。

A. flavus は，世界中の土壌などから検出されているが，アフラトキシン産生株は主に熱帯，亜熱帯に分布し，農産物の汚染は南北アメリカ大陸，東南アジ，インド，アフリカで多発している。温帯や寒帯に位置する日本やヨーロッパなどではほとんど認められなかった。しかし，2011年にはじめて日本国内産の米からアフラトキシン B_1 が検出された。

アフラトキシンには紫外線下で青色の蛍光を発する B_1，B_2，緑色の蛍光を発する G_1，G_2 がある。その他 M_1，M_2，G_{2a}，GM_1，B_3 など10数種のアフラト

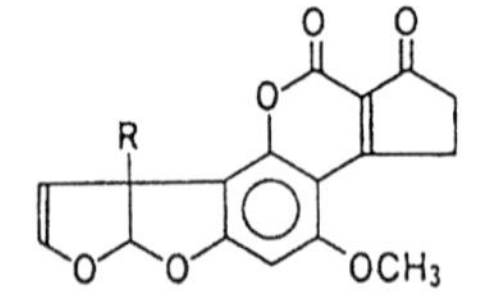

アフラトキシン B₁ (R：H)
アフラトキシン M₁ (R：OH)

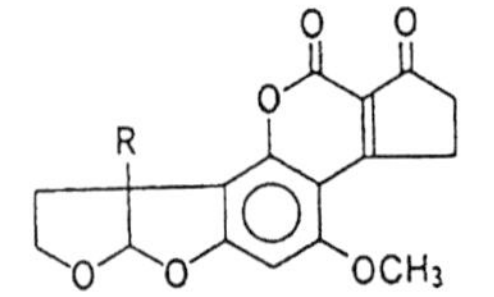

アフラトキシン B₂ (R：H)
アフラトキシン M₂ (R：OH)

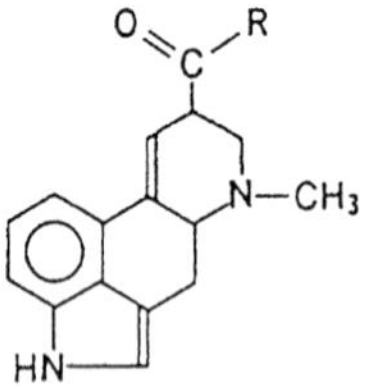

リゼルグ酸　　R：—OH
LSD　　　　　R：—N(C_2H_5)$_2$
エルゴメトリン R：—NH—CH(CH_3)CH$_2$OH

図5-1　アフラトキシン類，麦角アルカロイドと誘導体の化学構造

キシンが知られている。アフラトキシンの多くは動物に急性の肝障害を起こす。また長期投与ではきわめて微量で肝がんを誘発する。ラットへの投与実験では，現在知られている発がん物質中最強の発がん性をもっていた。

　A. flavus はわが国で味噌や醤油，酒の製造に利用されている *A. oryzae*（黄コウジカビ）の近縁であるため，発酵食品のアフラトキシン汚染が心配されたが，現在までのところ発酵食品についてはその懸念はない。しかし，輸入ピーナッツ・ピーナッツバター，輸入飼料からは汚染が検出されたことがあるので注意が必要である。

(2) 麦　　角

　麦角とは，子嚢菌類に属する *Claviceps purpurea*（麦角菌）がライ麦など麦類の穂に寄生して生ずる紫黒色の菌核のことである。ヨーロッパのライ麦パンを常食とする地域では，古くから麦角中毒が知られていた。麦角には成分としてエルゴメトリン，エルゴタミン，エルゴクリスチンなど**麦角アルカロイド**と呼ばれる多種のアルカロイドが含まれている。幻覚剤として問題にされる

LSDは，麦角アルカロイドの基本構造をもったリゼルグ酸の一種の誘導体（図5-1）である。この中毒は症状として頭痛，嘔吐や下痢などの胃腸炎，知覚障害，けいれんなどで，慢性症状は循環器障害による皮膚の壊疽である。

（3）フザリウム（アカカビ）毒素

1890年代ごろよりウクライナの穀倉地帯ではライ麦，小麦などを摂取して，嘔吐，けいれん，呼吸促迫，心不全などの急性症状のほか，慢性症状として臓器出血や白血球減少，リンパ球異常など造血機能障害による症状を呈する集団中毒が多数発生した。この中毒はATA症（alimentary toxic aleukia，食中毒性無白血球症）と呼ばれている。原因は *Fusarium* 属（アカカビ）の寄生の結果であることが明らかにされた。

わが国においても，赤かび中毒と呼ばれ，麦類が赤変したものを摂取すると人や家畜に中毒が起こることが200年以上も前から知られていた。このアカカビは *Fusarium nivale* で，これに汚染された米や麦からニバレノール，フザレノン-X，デオキシニバレノールなどが単離されており，これらが中毒の原因物質と考えられている。

（4）その他のカビ毒

以上の他に，知られている主なカビ毒については表5-13に要約した。

表5-13　その他のカビ毒と生産菌

生産菌名	カビ毒	障害	汚染食品
Penicillium toxicarium	シトレオビリジン	神経障害	米（黄変米）
P. islandicun	ルテオスカイリン	肝障害，肝がん	米（黄変米）
P. ruglosum	ルグロシン	膵臓，肝臓障害	米（黄変米）
P. citrinum	シトリニン	腎臓障害	米（黄変米）
Aspergillus versicolor	ステリグマトシスチン	肝がん	米，麦，コーヒー豆
A. ochraceus	オクラトキシンA	肝臓，腎臓障害	穀物飼料
P. viridicatum	オクラトキシンA	肝臓，腎臓障害	穀物飼料

引用文献

1） 竹田美文：食品衛生ハンドブック，pp. 92-104，南江堂，1992
2） 芝崎　勲：防菌防黴，26(7)，pp. 371-383，1998

参考文献

好井久雄ほか：改訂増補版食品微生物学，技報堂出版，1984

梅田圭司ほか編：食品保存便覧，クリエイティブジャパン，1992

遠山祐三ほか編：食品衛生ハンドブック，南江堂，1992

粟飯原景昭ほか編：総合食品安全事典，産業調査会事典出版センター，1994

保坂秀明ほか編：食品製造流通データ集，産業調査会事典出版センター，1998

渡辺悦生ほか編：HACCP対応食品危害分析・モニタリングシステム，サイエンスフォーラム，1998

坂崎利一編著：食水系感染症と細菌性食中毒，中央法規出版，1991

厚生労働省：食中毒統計調査（各年）

第6章
微生物のバイオテクノロジー

　これまで述べてきた微生物の利用は，微生物が長い進化の歴史の中で獲得した能力を最大限に活用したものである。しかし，遺伝子組換え食品やクローン動物などで知られているように，これまで自然の営みに委ねていた遺伝子の変化（突然変異や遺伝的組換えと呼ばれる現象）を自由に操作できる技術を人がもつようになり，自然界には存在しない，新しい性質を備えた微生物を自由に作り出せるようになった。この遺伝子組換え技術は，生命体も物質にほかならないという事実をふまえて生命の仕組みを明らかにしようとする研究（分子生物学，分子遺伝学など）の成果であり，今世紀半ばから，*Escherichia coli*（大腸菌）やカビなどの微生物を用いて行われてきた基礎研究が，1970年代に応用され，発展してきたものである。

　バイオテクノロジーとは，生物のもつ機能を利用して我々の生活に役立てる科学技術と定義できる。したがって，これまで述べてきた伝統的な発酵醸造や突然変異の誘発により得た栄養要求変異株を利用したアミノ酸発酵なども微生物バイオテクノロジーであるが，この章では，遺伝子組換え技術の発達以降のバイオテクノロジーについて述べる。まずその基本的な原理について解説する。

1. 遺伝子の機能と構造

1. 遺伝子の機能

　地球上のすべての生物は約35億年前に誕生した原始生命体に起源を発していると考えられている。生物は，すべて同じ方法で親から子へと生命を受け継い

でいるという事実がこの考え方を決定づけた。すなわち，生物の自己増殖性を支える遺伝の機構は，大腸菌からヒトまで，遺伝暗号という共通の言葉を使って遺伝子に書き込まれた遺伝情報を親から子に伝えるものである。遺伝情報とは，生物が自分と同種の生物を作るための設計図にあたり，具体的には，生命の営みの主役にあたるタンパク質のアミノ酸配列をいう。この「すべての生物は同じ遺伝暗号を使って書かれた遺伝情報を使っている」という発見がバイオテクノロジーの基本原理となっている。

　遺伝情報は，**DNA**（デオキシリボ核酸；deoxyribonucleic acid）と呼ばれる非常に長い分子上に，それを構成する4種の塩基（A, T, G, C）の直線的な配列順序として書かれており，その配列順序によってタンパク質の直線的なアミノ酸配列が決定される。しかし，実際にタンパク質が作られるときには，DNA上の塩基配列が直接タンパク質のアミノ酸配列として読み取られるわけではない。タンパク質生合成の過程では，まず，巨大なDNA分子から必要な部分の情報だけが**RNA**（リボ核酸，ribonucleic acid）と呼ばれる別の核酸にいったん写し取られ（**転写**, transcription），そのRNAの塩基配列がタンパク質のアミノ酸配列に変換（**翻訳**, translation）される。このDNA→RNA→タンパク質という情報伝達の過程はすべての生物に普遍的なものであり，DNAからDNAへの情報伝達，すなわち複製の過程とともに遺伝の分子機構の根幹をなすものである（図6-1）。

　いったんDNAの遺伝情報がRNAを介してタンパク質に流れると，その情報がタンパク質から核酸に再び逆流することはなく，またタンパク質からタンパク質へと伝わることもない。この関係は生物の一般原理と考えられ，**セントラル・ドグマ**（central dogma）と呼ばれる。その後，RNAを遺伝子としても

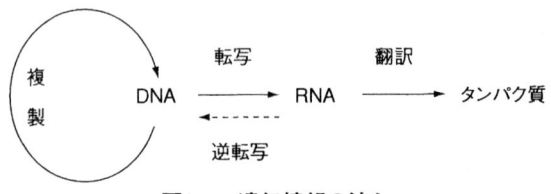

図6-1　遺伝情報の流れ

1. 遺伝子の機能と構造 *161*

つウイルスから**逆転写酵素**（reverse transcriptase）が発見され，RNAからDNAへの情報伝達もあることがわかった。しかし，この経路は特殊な場合のみ見られる副次的なもので，セントラル・ドグマが否定されたわけではない。なお，後述するように逆転写酵素は遺伝子操作の道具として用いられている。

2．DNAとRNAの構造

DNAとRNAは，タンパク質が直鎖状に重合したアミノ酸からできているように，**ヌクレオチド**（nucleotide）という単位が直鎖状に重合してできている。DNAを構成するヌクレオチドは，いずれもデオキシリボースとリン酸からなる共通部分があり，これに4種類の塩基，つまり，**シトシン（C）**，**チミン（T）**，**アデニン（A）**，**グアニン（G）**のいずれかが結合してできている（図6-2）。RNAを構成するヌクレオチドの共通部分は，リボースとリン酸であり，塩基はチミンの代わりに**ウラシル（U）**となっている以外はDNAと同じである。DNAもRNAも，ヌクレオチドの共通部分である糖とリン酸部分で重合した**ポリヌクレオチド**（polynucleotide）と呼ばれる高分子で，特に，DNA

(1) DNAを構成するヌクレオチドの構造式と塩基名

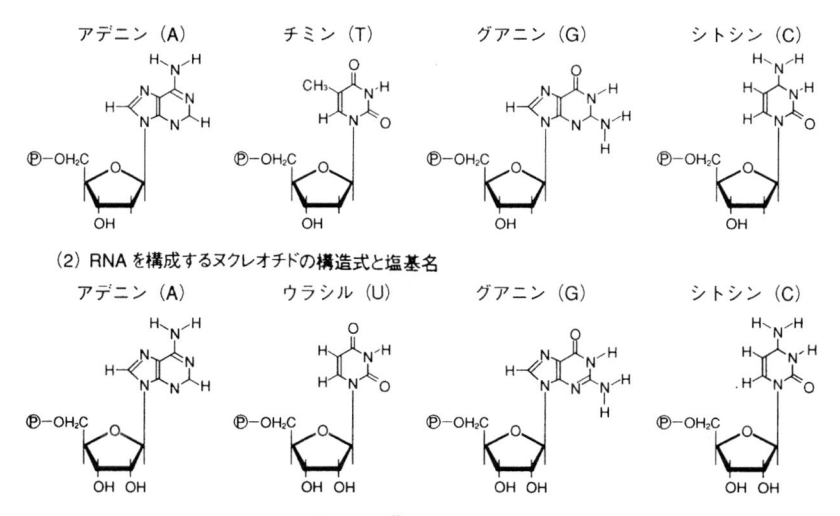

アデニン（A） チミン（T） グアニン（G） シトシン（C）

(2) RNAを構成するヌクレオチドの構造式と塩基名

アデニン（A） ウラシル（U） グアニン（G） シトシン（C）

図6-2 核酸を構成するヌクレオチド

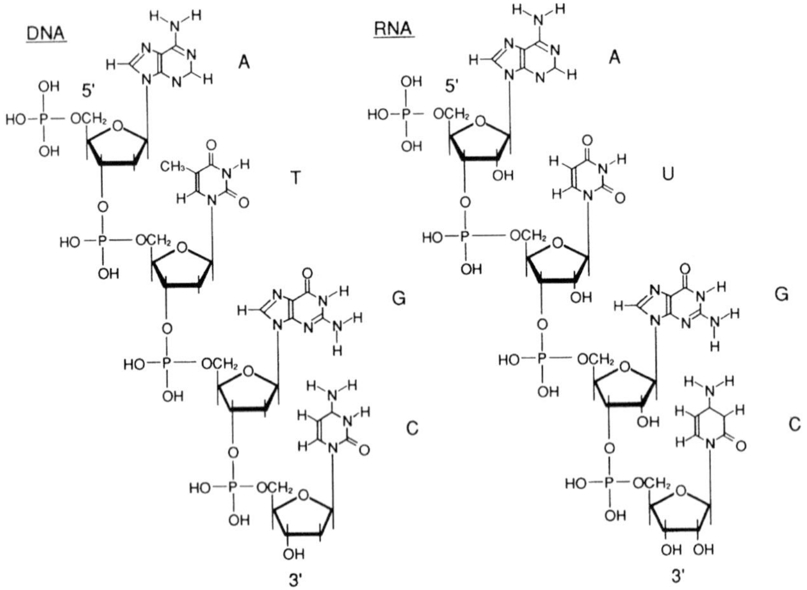
DNA
RNA
5'
3'
A
T
G
C
U
それぞれ4残基の塩基のみ示したが，実際はもっと長い

図6-3　核酸の構造

は非常に多数のヌクレオチドが直鎖状に重合してできた巨大分子である（図6-3）。ポリヌクレオチド鎖は図に示すように，糖分子内のリン酸の結合位置により両端が区別され，鎖の一方が5′ならば，他方は3′末端となる。つまり，核酸分子には5′→3′という方向性（**極性**）がある。核酸の生合成は，DNA，RNA いずれの場合も5′末端から始まり3′末端方向に進行し，逆方向には伸びない。遺伝情報は，文章と同様，一定の方向に読むときに限り意味をもつ，ということである。

DNA 分子は**二重らせん構造**をとっており，この場合も2本鎖は5′→3′という極性に関して互いに逆向きの関係にある（図6-4）。2本鎖を結びつけているのは，向き合った塩基対の水素結合であり，AとT，GとCがそれぞれ特異的に結合して塩基対を形成する。つまり，DNA の2本鎖の塩基はどの部分をとっても，一方がAなら他方はT，TならA，GならC，CならGというように互いに**相補的**な関係にある。ちょうど写真のポジとネガのような表裏

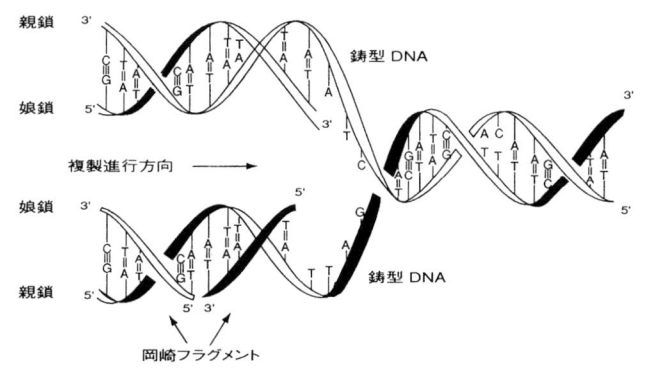

図6-4　DNAの二重らせん構造とDNA複製

の関係である。このため，細胞分裂などの際にDNAが複製される時は**半保存的に複製**される（図6-4）。DNAがほどけて生じた2本の親鎖の塩基配列をそれぞれ鋳型として用い，**DNAポリメラーゼ**（DNA polymerase）と呼ばれる酵素により，相補的なヌクレオチドが次々と重合されて新しい鎖（娘鎖）が合成される。DNAポリメラーゼは5′→3′方向の合成しか行わない。その結果，複製の進行方向と同じ方向に伸びてゆく5′→3′の娘鎖は連続して伸長するが，これと逆行する側の娘鎖は不連続的に合成された5′→3′の短いDNA断片（これを**岡崎フラグメント**と呼ぶ）が，順次**DNAリガーゼ**（DNA ligase）と呼ばれる酵素により連結されて伸びてゆくことになる。大腸菌の**ゲノム**（genome，生物に必要な最小不可欠な遺伝子全体のセットを指す）は約470万の塩基対からなる2本鎖の環状DNAであるが，ゲノムの複製は定まった1点から開始され，全DNAの複製には90分かかる。

　2本のDNA鎖間で塩基対を形成している水素結合の力は，一つひとつではそれほど大きくないが，巨大なDNA分子全長にわたってその数が多いため，全体として2本鎖構造は安定に保たれている。したがって，DNA溶液を100℃近くまで加熱すると，2本の鎖はばらばらになり変性するが，60℃近くまで下げると，それぞれの相補的塩基間の水素結合が再び形成され，元の2本鎖が復元される（**アニーリング**，annealing）。このとき別種の生物から採取したDNAを混ぜても，異種のDNA間では塩基配列は異なるため適切な塩基対は形成さ

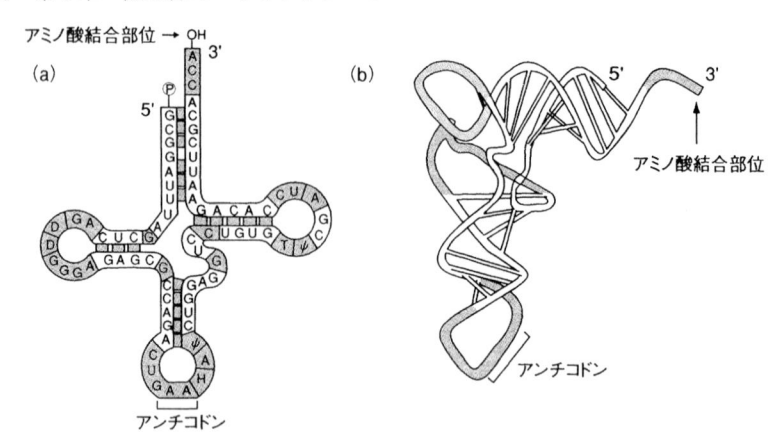

(a) クローバ葉状2次構造 ψ, D, H を含む編みかけの部分は化学的に修飾された塩基を示す　(b) L字型立体構造

図6-5　tRNA の構造

れず，2本鎖を形成することはない．したがって，この方法を使って2種のDNAがどれだけ相補的であるかを調べることができる．塩基配列が似ている2本のDNA（またはRNA）は完全な形ではないにしろ部分的に二重鎖構造を形成でき，これを**ハイブリダイゼーション**（hybridization）と呼び，後述するように，相補的なDNA鎖の選択に利用される．また，完全に相補的な塩基対を形成したDNA鎖の安定性を利用して，DNA断片を「貼り合わせる」ことが可能となっている．DNAがもっぱら遺伝子として機能しているのに対して，RNAにはさまざまな種類がありそれぞれ特有の機能をもつ．

　リボソーム RNA（rRNA, ribosomal RNA），**メッセンジャー RNA**（mRNA, messenger RNA），**転移 RNA**（tRNA, transfer RNA）はいずれも1本鎖のままであるが，分子内の塩基対によって部分的に2本鎖構造をもつ複雑な高次構造をとっている．rRNAはタンパク質合成の場であるリボソームと呼ばれる細胞内粒子をタンパク質とともに構成しており，tRNAはリボソーム上でタンパク質が合成される際にアミノ酸を運搬する．tRNAは部分的な2本鎖構造をもつクローバ葉状の2次構造をとっており，それが折りたたまれてL字型の複雑な立体構造をとっている（図6-5）．

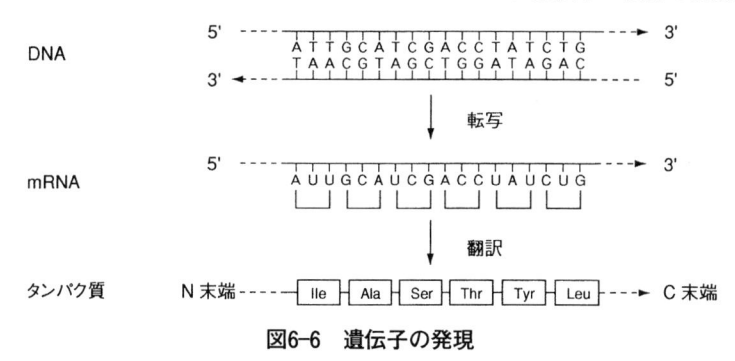

```
         5'                              3'
DNA      ----- A T T G C A T C G A C C T A T C T G -----
              | | | | | | | | | | | | | | | | | | |
              T A A C G T A G C T G G A T A G A C
         3'                              5'
                        ↓ 転写
         5'                              3'
mRNA     ----- A U U G C A U C G A C C U A U C U G -----
              └─┘ └─┘ └─┘ └─┘ └─┘ └─┘ └─┘
                        ↓ 翻訳
タンパク質   N末端----[Ile]-[Ala]-[Ser]-[Thr]-[Tyr]-[Leu]----▶ C末端
```

図6-6 遺伝子の発現

3. 遺伝子の発現

DNAの遺伝情報はまずmRNAに転写されて，そのmRNAからタンパク質に翻訳される（図6-6）。この遺伝情報の一連の流れを**遺伝子の発現**と呼ぶ。

RNAの合成はDNA2本鎖の内どちらか1本の鎖が選択され，この鎖を鋳型として3′←5′方向に読み取ってゆき，DNAの塩基配列に対して相補的な塩基を重合しながら5′→3′方向に進行する。この合成は**RNAポリメラーゼ**（RNA polymerase）という酵素によって行われ，その転写機構は，DNA上のAにはUが対応するほかは先述のDNAの複製のものと似ている。情報的に意味のあるRNA鎖を作るという意味で，転写される方の鋳型DNA鎖を**センス鎖**（sense strand）と呼び，転写されない方のDNA鎖を**アンチセンス鎖**（antisense strand）または**コーディング鎖**（coding strand）という。DNA2本鎖の内どちらの鎖がセンス鎖になるかは遺伝子の領域ごとに定まっており，どちらか一方の鎖が常にセンス鎖であるというわけではない。

転写は，**プロモーター**（promoter）と呼ばれるDNA鎖上の特定の領域にRNAポリメラーゼが結合することから開始される。多くのプロモーターの塩

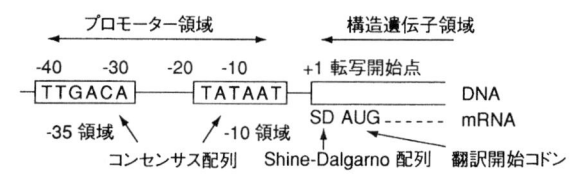

```
        ←―― プロモーター領域 ――→  ←― 構造遺伝子領域 ―→
        -40  -30   -20   -10   +1 転写開始点
        ―[TTGACA]―――[TATAAT]――――――――――――  DNA
             ↖-35領域   ↗-10領域  SD AUG -------  mRNA
           コンセンサス配列    Shine-Dalgarno配列  翻訳開始コドン
```

図6-7 原核生物の転写開始部位における遺伝子構造

基配列は，転写開始点から5′側（上流域と呼び「−」で示される）−10塩基および−35塩基の領域で，互いによく似た塩基配列（**コンセンサス配列**）を示す（図6-7）。RNAポリメラーゼによる転写活性はプロモーターの塩基配列に依存しており，コンセンサス配列に近いほど，また，両領域間が17±1塩基のとき強い活性を示す。これをもとに開発されたtacプロモーターは，後述する組換えDNA実験で多用されている。転写の産物は，mRNA，tRNA，rRNAであり，一度開始された転写反応は，RNAポリメラーゼが特定の塩基配列をもったシグナル（**ターミネーター**）に遭遇するまで続く。ターミネーターにはGとCの多い逆転反復配列をもったものがあり，この部分で塩基対が形成されヘアピン構造をとるため，RNAポリメラーゼがDNAから遊離し合成が停止する。

遺伝子発現の調節

遺伝子の情報は，細胞が必要なときに必要な分だけ転写されるように調節されており，そのための情報もDNA上に刻み込まれている。

原核生物の遺伝子発現の調節は最初に大腸菌で詳細に解明された。大腸菌は通常，ラクトースを分解する酵素をもたないが，培地にラクトースを添加すると，ラクトース分解に必要な酵素の遺伝子がただちに発現される。ラクトース分解に必要な酵素類の一群の遺伝子はまとまって存在し，**ラクトースオペロン**（**lacオペロン**，lac operon）と呼ばれる。発現は，菌体外のラクトースの濃度によりlacオペロンの転写が誘導または抑制されることにより調整を受けるので，大腸菌は十分な濃度のラクトースがあるときのみ代謝に必要な酵素を作り出し，

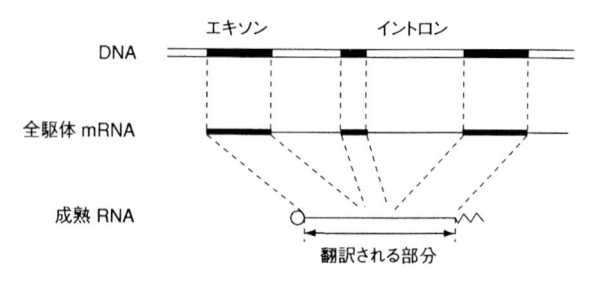

図6-8 真核生物のスプライシング

無駄なタンパク質を作るためのエネルギーを浪費しないですむ。このlacオペロンの発現調節は詳細に解明されており，原核生物の遺伝子発現調節の基本的な機構として知られている。

真核生物においても発現調節の基本は原核生物と大きくかわらない。しかし，真核生物ではDNAから転写されてできた前駆体RNAがその後加工されて，成熟したmRNAが作られた後に翻訳されるという点で大きく異なる（図6-8）。真核生物のDNAには**イントロン**（intron）と呼ばれる一見意味のない塩基配列が多数存在しており，最初にできた前駆体RNAからイントロン部分を切り捨て，必要な遺伝子部分（**エキソン**，exon）をつなぎあわせたmRNAが作られる。その後さらに，5′末端に特殊なヌクレオチドが付加し，3′末端にはアデニンが100～200残基並んだポリA配列が付加されることにより成熟し

表6-1 遺伝子暗号表

第1塩基	第2塩基				第3塩基
	U	C	A	G	
U	UUU, UUC — Phe UUA, UUG — Leu	UCU, UCC, UCA, UCG — Ser	UAU, UAC — Tyr UAA, UAG — 終止	UGU, UGC — Cys UGA — 終止 UGG — Trp	U C A G
C	CUU, CUC, CUA, CUG — Leu	CCU, CCC, CCA, CCG — Pro	CAU, CAC — His CAA, CAG — Gln	CGU, CGC, CGA, CGG — Arg	U C A G
A	AUU, AUC, AUA — Ile AUG — Met	ACU, ACC, ACA, ACG — Thr	AAU, AAC — Asn AAA, AAG — Lys	AGU, AGC — Ser AGA, AGG — Arg	U C A G
G	GUU, GUC, GUA, GUG — Val	GCU, GCC, GCA, GCG — Ala	GAU, GAC — Asp GAA, GAG — Glu	GGU, GGC, GGA, GGG — Gly	U C A G

たmRNAができあがる。この過程を**スプライシング**（splicing）と呼ぶ。

4．タンパク質合成

　mRNA上の塩基配列とアミノ酸との間の対応関係は遺伝子暗号表で示される（表6-1）。3つの塩基が1つのアミノ酸に対応し、mRNA上の3個の塩基の配列が1つの暗号（**コドン**，codon）となる。4種類の塩基から3個を選び並べる順列組合わせは64通りあり、20種類のアミノ酸に対して十分の余裕がある。

　UAA，UAG，UGAの3種（**ナンセンスコドン**，nonsense codon）には、対応するアミノ酸がなく翻訳の終了信号として使われるので、残りの61種の暗号を20種のアミノ酸に割り当てることになる。ロイシン、セリン、アルギニンのように1種のアミノ酸に対して6種のコドンが割り当てられている場合もある。ここに示す遺伝暗号は、ミトコンドリアの遺伝子などでは多少変化して例外はあるものの、地球上の生物に共通して普遍的に使われている。

　翻訳、すなわちタンパク質の合成は、リボソーム上のmRNAの塩基配列を、遺伝暗号表にしたがって3塩基ずつアミノ酸に対応づけながら進行する（図6-9）。このコドンとアミノ酸の対応づけにはtRNAが必要となる。tRNA分子の中央付近に**アンチコドン**（anticodon）と呼ばれる3連の塩基が並んでおり（図6-5）、この部分でmRNA上のコドンと相補的に結合することで遺伝情報

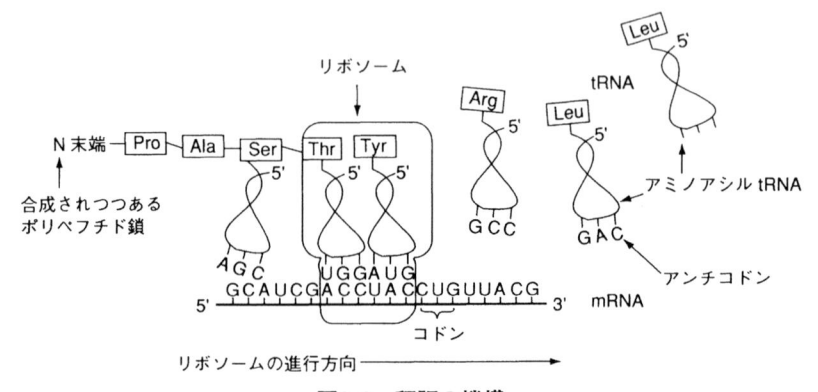

図6-9　翻訳の機構

を読み取る。この相補的な結合には少し揺らぎがあるため，1種の tRNA が
いくつかのコドンを認識できる。このため，61種のコドンすべてに対応した
tRNA が存在しているわけではないが，20種類のアミノ酸それぞれに少なくと
も1種以上の tRNA が存在している。アミノ酸は，**アミノアシル tRNA 合成
酵素**（aminoacyl-tRNA synthetase）により tRNA 分子の 3′末端に結合されて
アミノアシル tRNA（aminoacyl-tRNA）となり，リボソームに取り込まれる。

　mRNA 上のコドンとコドンの間には句読点のような特別な区切りはないの
で，どこから翻訳を開始するのか，という読み込み枠の決定が大切である。も
し，1塩基でもずれるとその後はその読み枠にしたがって翻訳が進行し，まっ
たく異なったアミノ酸配列をもったタンパク質ができあがることになる。

　mRNA は，アミノ酸配列に対応する部分（**コード領域**）と，その両側にある
非コード領域をもっており，翻訳はコード領域の上流域にある特定の塩基配列
（**SD 配列**，Shine-Dalgarno 配列）にリボソームが結合することで始まる（図6-
7）。一般的にタンパク質合成は，SD 配列の下流にある AUG（メチオニンに対
応）から開始される。

　翻訳開始の mRNA・リボソーム複合体ができると，リボソームは mRNA 上
を開始コドンから3塩基ずつ，すなわち1コドン分ずつ正確に 3′方向に移動す
る。そして，コドンに対応したアミノアシル tRNA が，アンチコドンでコド

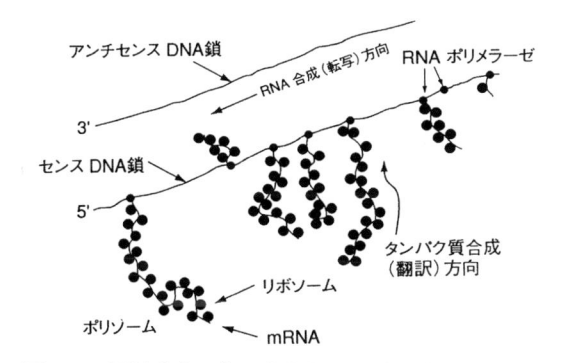

図6-10　原核生物で転写と翻訳が同時に進行する様子
(O.L.Miller et al., Science 169(1970)319, より改変)

ンを認識しつつ，遺伝情報どおりのアミノ酸をリボソームに次々と持ち込む。持ち込まれたアミノ酸はリボソーム上の酵素により重合され，N-末端から始まるポリペプチド鎖が合成されることになる。リボソームが翻訳開始点からポリペプチド鎖を伸長しながら移動すると，また次のリボソームが結合し次の翻訳が開始される。その結果，1本のmRNAの上を複数個のリボソームが移動してゆくのが見られる。この状態を**ポリソーム**（polysome）と呼ぶ。原核生物では，mRNAができるとすぐにリボソームが結合し翻訳が開始され，転写と翻訳が共役して起こる（図6-10）。真核細胞では，スプライシングを受けて成熟したmRNAは核膜を通り細胞質に移行してから翻訳が開始されるので，両者は共役しない。

　mRNA上でペプチド鎖を伸長しつつリボソームが動いてゆくと，やがてナンセンスコドン（**UAA，UAG，UGA**）の1つに遭遇する。ナンセンスコドンには対応するtRNAが存在しないため，その時点で翻訳が終了しポリペプチドの末尾はカルボキシル基になり，ポリペプチド鎖はリボソームから放出される。同時に，リボソームもmRNAから遊離し，次の翻訳に用いられる。

2．遺伝子組換え技術

　すべての生物が同じ遺伝暗号を用いてタンパク質を作っているということは，ヒトと大腸菌の間でも遺伝子の交換が可能であることを意味する。このアイデアに基づき，遺伝子組換え技術が開発された。これは簡単に言えば，異なった生物の遺伝子DNAを取り出し，「ハサミ」と「ノリ」を使ってDNAを切ったり貼ったりして**組換えDNA**（recombinant DNA）を作成し，これを宿主となる生物に入れ，組換え遺伝子を増やすことである。これにより，通常は動物でしか作られないタンパク質を微生物で大量に生産したり，有用な遺伝形質を備えた生物を自由に作り出すことが可能になった。遺伝子組換え技術は，自然界でみられる細菌の遺伝子の組換え現象である形質転換，接合，形質導入を利用して開発されたものであり，まずこれらの現象を説明する。

1. 細菌への DNA 導入

　ある菌（供与菌）のゲノム DNA 分子の一部が，直接他の菌（受容菌）に取り込まれ，その中で DNA の組換えが起こり受容菌の性質が変化する現象を**形質転換**という（図6-11）。

　この現象は最初に *Streptococcus pneumoniae*（肺炎連鎖球菌）で観察され，その後，*Bacillus subtilis*（枯草菌）などでも認められた。通常大腸菌では起こらないが，受容菌細胞を 0℃で高濃度の塩化カルシウム溶液（30mM）にさらし，さらに，温度処理（42℃）することで形質転換が可能になる。DNA 断片がどのように細胞内に導入されるか，その詳細は明らかではないが，細胞膜の性質に変化が起こるためと考えられている。

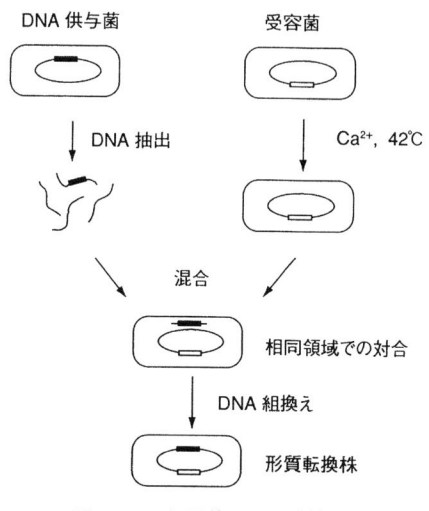

図6-11　大腸菌での形質転換

　細菌以外の種々の細胞（酵母，菌類）でも形質転換を利用して DNA を取り込む工夫がなされている。酵素を使って細胞壁を除去することにより**プロトプラスト**（protoplast）と呼ばれる細胞膜だけで囲まれた裸の細胞が得られるが，これは DNA を取り込むので組換え実験で広く利用されている。また，非常に高い電圧の短い電気パルスを利用して DNA を導入する方法もある。

　接合は，大腸菌で発見された真核生物の有性生殖に似た現象で，一方の菌から他方の菌に効率良く DNA の移行が起こる（図6-12）。大腸菌の K12株には雄型と雌型があり，雄型（F^+株）は菌本体のゲノム DNA のほかに，**F-プラスミド**（F-plasmid）と呼ばれる小型の DNA を

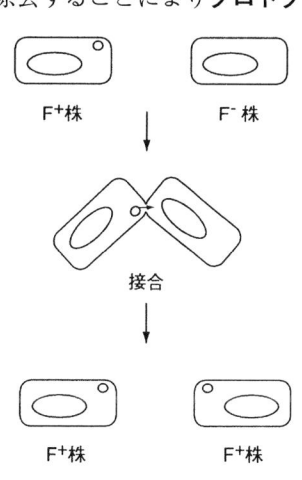

図6-12　F^+株とF^-株との接合過程

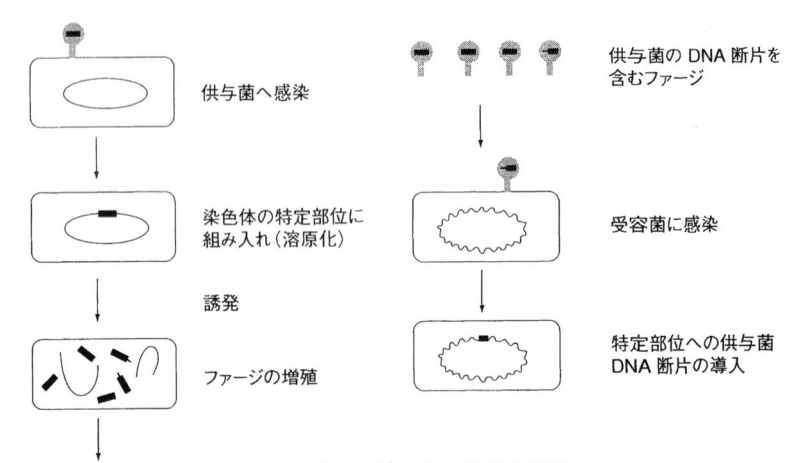

図6-13　ファージによる特殊形質導入

もっている。雌型（F⁻株）はプラスミドをもたない。F⁺株とF⁻株を混ぜ合わせると細胞の接合が起こり，F-プラスミドがF⁻株に取り込まれ，遺伝子組換えが可能になる。F-プラスミドが菌体のゲノムDNAに取り込まれたF⁺株をHfr株と呼ぶが，この場合DNAの移行はさらに高頻度で起こる。組換え実験においては，F-プラスミドは伝搬性が強く，組換えDNAが拡散するおそれがあるため，遺伝子を運搬する担体としての**ベクター**（vector）には用いない。

F-プラスミドは約10万塩基対からなる比較的大きなプラスミドであるが，大腸菌はこのほかに，細胞内で自律的に複製できる各種の小型**プラスミド**をもつ。約6,000の塩基対からなるコリシンプラスミド（ColE1）は，F-プラスミドと異なり他の細胞への伝搬性をもたず，細胞内で10〜20の多数のコピーを作る。ColE1を人工的にさらに小型にしたpBR322と呼ばれるプラスミドはベクターとして多用されている。

細菌ウイルスのバクテリオファージは宿主細胞に感染してDNAを注入して増殖してゆく。このとき，最初に感染した菌（供与菌）のDNAの一部が，バクテリオファージのDNAに組入れられ，次に感染した菌（受容菌）に取り込まれて組換えが起こり，供与菌の遺伝情報を伝えることがある。ファージの感染機能を用いるこのような遺伝子の伝達を**形質導入**と呼ぶ（図6-13）。ファー

ジの感染様式の違いにより，断片化された供与菌 DNA がランダムにファージに取り入れられる場合（普遍形質導入）と，供与菌のゲノム DNA の特定の部位が組込まれる場合（特殊形質導入）とがある．組換え実験で広く用いられる**ラムダファージ**（λ phage）は後者のタイプである．

2．クローニング

　ある生物が作り出すタンパク質を大腸菌で大量に生産する目的で，そのタンパク質の遺伝子を大腸菌に注入したとしても，この DNA 断片は菌体内に浮遊しているだけでタンパク質を合成するにはいたらない．大腸菌がこのタンパク質を作り出すためには，大腸菌に注入された遺伝子が菌の増殖とともに複製されなければない．また，その遺伝子が効率よく転写されるためのプロモーターをもたなければならず，これらの問題を解決するため，まず，目的の遺伝子をベクターに組込む必要がある．この操作を**クローニング**（クローン化，cloning）と呼び，同一遺伝子を増やす第一歩となる．ベクターには，宿主微生物中で自律的に複製でき，挿入された異種 DNA 断片を宿主に運搬できるプラスミドやファージが用いられる．

　クローニングの概略を図6-14に示す．組入れようとする異種生物の遺伝子 DNA とベクター DNA を，ある**制限酵素**（restriction enzyme）で切断することから始まる．制限酵素とは，2本鎖 DNA 上の特定の塩基配列（4〜8塩基）を識別し，その位置で DNA を切断する一群の DNA 分解酵素である．

　たとえば，EcoRI と呼ばれる制限酵素は（表6−2），GAATTC という配列の G と A の間を切断するが，同じ配列は相補鎖の方にもあるので，ここでも切れやすくなる．このため EcoRI で生じた切断面は相補的な1本鎖 DNA 断片，つまり「のりしろ」の付いた付着端となる．このような付着端を生じる制限酵素で切断した DNA は相補的塩基対形成のため，容易に「貼り合わせる」ことができる．通常ベクターは制限酵素で特定の1ヶ所が切断されるように工夫されているので，異種 DNA から得た断片はベクターの定まった場所に組入れられることになる（図6-14）．しかし，この DNA 断片は，両末端ヌクレオ

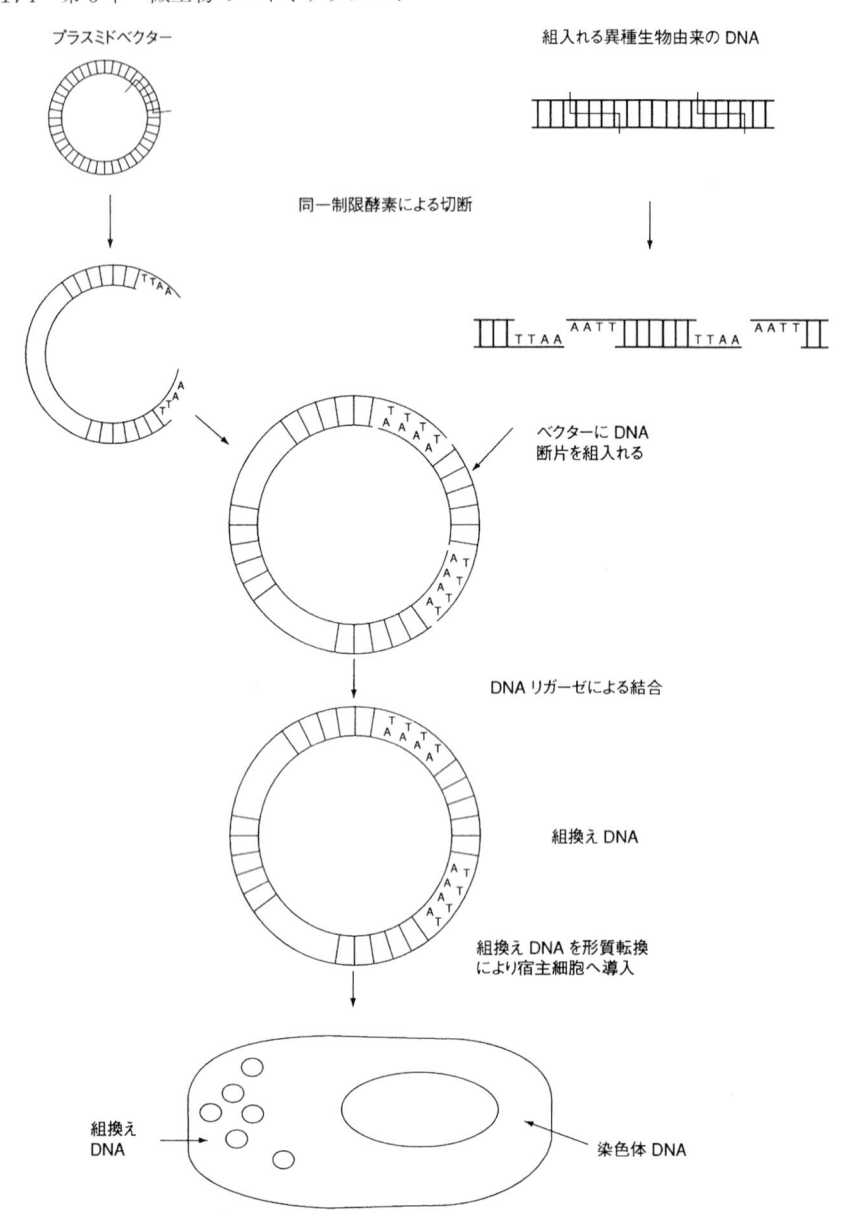

図6-14 遺伝子クローニングの概略

2. 遺伝子組換え技術 175

表6-2 制限酵素とその切断する塩基配列

酵素名	認識部位	酵素起源
BamHI	↓ —GGATCC— —CCTAGG— 　　　↑	*Bacillus amyloliquefaciens* H
EcoRI	↓ —GAATTC— —CTTAAG— 　　　↑	*Escherichia coli* RY13
HindIII	↓ —AAGCTT— —TTCGAA— 　　　↑	*Haemophilus influenzae* Rd
SalI	↓ —GTCGAC— —CAGCTG— 　　　↑	*Streptomyces albus* G
XhoI	↓ —CTCGAG— —GAGCTC— 　　　↑	*Xanthomonas holcicola*
XmaI	↓ —CCCGGG— —GGGCCC— 　　　↑	*X. malvacearum*

チドの糖とリン酸での結合がなく，切れ目が入った状態になっており，これをDNAリガーゼを用いて繋ぐことで，組換えDNAが完成される．最後に，この異種生物のDNAが組込まれたベクターを宿主菌に導入する．この場合，ベクターがプラスミドならば形質転換により，ファージならば形質導入による．導入された組換えDNAは，ベクターがDNA複製の開始配列をもつため宿主内で増殖することができる．また，転写や翻訳に必要な配列も備えているので，異種DNAでコードされたタンパク質を生産することもできる．

　クローニングの操作では，最初に異種生物のDNAから目的とする遺伝子を取り出すには，この遺伝子を含む**遺伝子ライブラリー**を作る必要がある（1次クローニング）．この理由は，たとえば1つのタンパク質をコードしている遺伝子は1,000塩基対程度に過ぎないが，菌のゲノムは数100万塩基対，高等真核生物のゲノムでは数10億塩基対存在するため，目的遺伝子はゲノムのごく一部に

あたり，それを直接探し出して単離するのは容易なことではないからである。原核生物では，DNAを直接制限酵素で切断して，長いDNA断片を組込める**ラムダファージベクター**やラムダファージゲノムの一部を含む**コスミドベクター**（cosmid vector）に組込めば遺伝子ライブラリーが作成できる。

　真核生物の遺伝子はスプライシングを受けたあと形成される成熟mRNAからタンパク質が作られるので，真核生物のタンパク質を発現させる場合は**cDNAライブラリー**を作る。これは，細胞から抽出した成熟mRNAを鋳型として逆転写酵素を働かせて，mRNAと相補的な**cDNA**（complementary DNA）を合成して得る。また，真核生物の遺伝子発現機構などの解明には，エクソン部分以外に，イントロン部分や，発現制御領域を含む**ゲノムDNAライブラリー**が必要となる。

　ライブラリーから目的とする遺伝子を単離するための2次クローニングを行うには，短いDNA断片を組込むための**プラスミドベクター**（plasmid vector）を用いる。プラスミドベクターは自律的複製のための複製開始点や，特定の制限酵素の作用部位のほかに，ベクターが微生物に導入されたことを検出するための遺伝子マーカーをもっている。マーカーとしては，抗生物質耐性遺伝子がよく使われており，たとえば，ベクターが導入されると菌が特定の抗生物質に対して耐性を失うようにデザインしておけば，組換えDNAが導入された菌を容易に選択できる。また，宿主菌に目的とした遺伝子DNAが導入されていることを確認するには，目的遺伝子と相補的な塩基配列をもつDNA断片あるいはRNA断片が，ハイブリダイゼーションを起こすことを利用する。さらに，目的とする遺伝子が特徴的なタンパク質をコードしている場合には，そのタンパク質の生産を直接確認することもできる。

　最近では，**ポリメラーゼ連鎖反応**（**PCR,** polymerase chain reaction）**法**（図6-15）により，遺伝子ライブラリーから直接目的とする遺伝子DNAを増幅してベクターに組込む方法がよく行われる。PCR法ではまず，目的とする遺伝子を含むDNA領域の両側の鎖に，それぞれ相補的なオリゴヌクレオチドからなる**プライマー**（primer）を合成する。このプライマーを，熱変性させたゲ

2. 遺伝子組換え技術 177

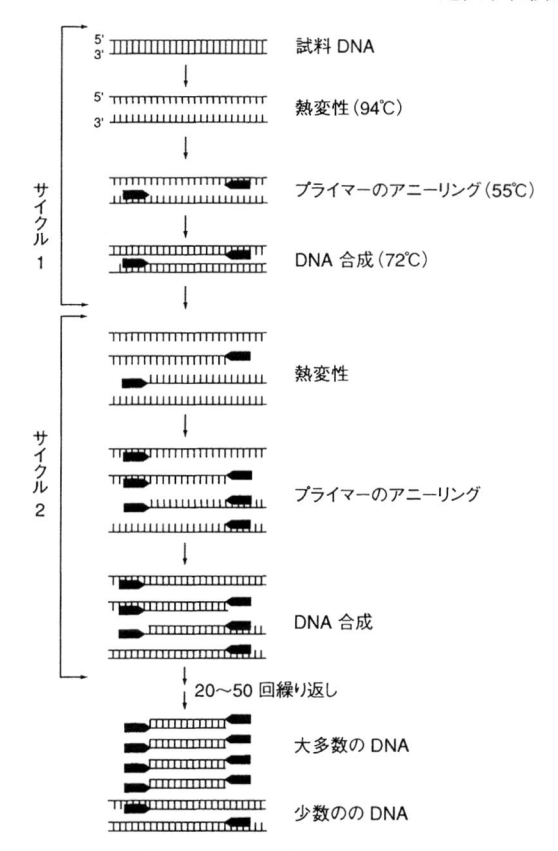

図6-15 PCR法の原理
(豊島久真男・山本雅監修:『新細胞工学実験プロトコール』,秀潤社 1994より改変)

ノム DNA ライブラリーに過剰量加え,温度を下げアニーリングを行う。温度を再び上げ,熱耐性の DNA ポリメラーゼと4種の基質ヌクレオチドを加えるとプライマーの伸長反応が進み相補的な DNA 鎖が作られる(サイクル1)。これを加熱・急冷して再度 DNA を変性・再生させると,長い DNA 鎖同士のアニーリングよりも,大過剰に含まれるプライマーとアニーリングを起こし,DNA 合成が再び始まる(サイクル2)。これを繰り返すと,新たに合成される鎖のほとんどは一定の長さで2つのプライマー間の DNA 領域に対応するため,目的の遺伝子を増幅することができる。PCR 法を用いると,ゲノム DNA か

ら直接目的とする遺伝子を釣り上げて増殖することも可能である。

3．組換え遺伝子の発現

 異種遺伝子を強力に発現させてタンパク質を大量に生産するためには**発現ベクター**が用いられる。発現されるタンパク質の量は，mRNAの量に依存し，mRNAの量は遺伝子のコピー数によるので，細胞内で多数のコピーが安定に存在するプラスミドに由来のものが多い。転写の効率はプロモーターに左右されるため，発現ベクターは通常強力なプロモーターをもつが，異種タンパク質が宿主菌の成長を阻害する場合などは，転写速度を調節できるプロモーターのほうがよい。また，効率よく翻訳を起こさせるために，発現ベクターはリボソーム結合部位を与えるSD配列と相補的な配列をもつなどの工夫が凝らされている。

 組換え遺伝子が細菌内で発現されても，その産物であるタンパク質が簡単に手に入るとは限らない。短いペプチドは宿主菌の細胞質に多量に存在するペプチダーゼによって分解されることがある。この場合は，宿主菌自身がもつタンパク質（担体）の遺伝子と目的遺伝子を融合させて組換えDNAを作り，目的とするペプチドをタンパク質の一部として作り出し，ペプチダーゼの作用を回避する。発現した融合タンパク質は，その後特異的なプロテアーゼを用いて担体タンパク質から切り離して単離する。

 また，真核生物固有のタンパク質が大腸菌などで発現したとき，その多くは**封入体**（inclusion bodies）と呼ばれる不溶性の凝集体を形成する。これは高濃度に発現されたタンパク質が不完全に折りたたまれて，ポリペプチド鎖の疎水的相互作用が強くなった結果凝集するためである。封入体の形成を避ける工夫としては，宿主菌内で発現されたタンパク質を菌体外に分泌させることなどがある。また，封入体が生じてもそれを集め，タンパク質変性剤で可溶化して，タンパク質を再生させることができる場合もある。

 真核生物のタンパク質の多くは，翻訳され，生合成された後に，細胞内の酵素の作用を受けることで，その機能を果たしたり，安定性を獲得することができる。たとえば，分泌されるタンパク質の多くは糖タンパク質で，リボソーム

で翻訳後，細胞内小器官である小胞体，ゴルジ体へと移行し，この間に糖鎖が結合される。原核生物ではこのような細胞内小器官がなく，糖鎖の結合は起こらないので，大腸菌を用いて糖タンパク質を合成することはできない。このような場合は，真核生物の宿主（酵母や動物細胞）を使用してタンパク質の生産を行うことになる。

3. 微生物バイオテクノロジーの応用

　前節で述べた細菌の遺伝子組換え技術は，1970年半ば大腸菌を用いて開始された。現在では微生物の範囲を超え，特に，高等動植物に用いられた場合，細胞融合の技術の発達と相俟って，トランスジェニック動植物，クローン動物，遺伝子治療などに応用されている。今後ますますその応用分野は広がっていくことであろう。微生物関連バイオテクノロジーに限っても，有用タンパク質の大量生産——細菌による成長ホルモン，酵母によるB型肝炎ワクチン・キモシン（レンニン）・インターフェロンの生産，さらに，分子育種による有用菌株の開発など，その応用例は枚挙にいとまがない。

　遺伝子組換えで作られたチーズ製造用酵素キモシンが厚生省の認可を受け，日本で最初の組換え技術利用食品となったのは1994年である。1996年には，「害虫抵抗性作物」であるトウモロコシやジャガイモが，また，「除草剤抵抗性作物」であるダイズやナタネの輸入が許可され，市場に出回っている。

　害虫抵抗性作物は *Bacillus thuringiensis* という菌の生産するδ（デルタ）-エンドトキシンというタンパク質が，ガやチョウなどの鱗翅目昆虫に殺虫作用をもつことを利用している。この菌は，蚕に病気を引き起こす病原菌として日本で発見され，1920年代から微生物農薬としてアメリカで使われてきた。δ-エンドトキシンはタンパク質であり，化学農薬と異なり「環境に優しい」農薬である。害虫抵抗性作物は，*B. thuringiensis* からδ-エンドトキシンをコードする遺伝子を取り出し，植物に寄生する *Rhizobium radiobacter* いう菌から取り出した Ti プラスミドに組込み，植物に導入して得たものである。この植物

はδ-エンドトキシンを生産するため,葉を食べた虫は駆除される.このタンパク質が哺乳動物やヒトには毒性を示さないことは確認されている.

除草剤抵抗性作物は各種あるが,その1つは,土壌細菌の作り出している抗生物質(ホスフィノスリシン)を利用した除草剤に対し抵抗性をもたせたものである.通常,抗生物質を分泌する微生物は,自分自身を守るためにその抗生物質を無毒化する酵素を産生するが,ホスフィノスリシンを産生するある種の放線菌も,この抗生物質を無毒化する酵素を産生している.この菌のもつ無毒化酵素の遺伝子を取り出し,害虫抵抗性作物と同様の方法で植物に導入することにより,除草剤であるホスフィノスリシンに対して特異的な抵抗性を示す作物が作られた.この無毒化酵素の遺伝子をもたない他の植物(雑草)は除草剤により排除される.

日本では,内閣府食品安全委員会がこのような遺伝子組換え食品の安全性の評価を行い,問題がないとされた作物(大豆,とうもろこし,ばれいしょなど)や,それらを原材料に使った食品などについては,表示義務を課して流通を認めている.21世紀最大の問題が,人口増加に関連した食糧危機や地球環境問題であることを考えるとき,遺伝子組換え食品に見られるようなバイオテクノロジーの先進的な利用が,それらの問題解決に貢献することが期待される.本書の範囲を超えるのでふれないが,環境問題に関しても,今後ますます微生物バイオテクノロジーの果たす役割が広がってゆくであろう.

参 考 文 献

Alexander N. Glazer and Hiroshi Nikaido 著,齋藤日向ほか共訳:微生物バイオテクノロジー,培風館,1996

軽部征夫:クローンは悪魔の科学か,祥伝社,1998

木村光:バイオテクノロジーの拓く世界,NHK 出版,1996

相田浩編著:バイオテクノロジー概論,建帛社,1995

小関治男ほか:生命科学のコンセプト 分子生物学,化学同人,1996

野島博:遺伝子工学への招待,南江堂,1997

さくいん

〔A-Z〕

ATP	57, 71, 73
CCP	144
DNA	7, 27, 43, 160
DNAポリメラーゼ	163
DNAリガーゼ	163
F-プラスミド	171
HACCP	143
L-グルタミン酸	116
pH	66
RNA	10, 160
RNAポリメラーゼ	165
SCP	10, 24, 40
TCA回路	77

〔あ行〕

アオカビ（属）	9, 10, 19
アカカビ	157
アカパンカビ（属）	7, 17
秋落ち	38, 78
アクチノバクテリア門	33
アグマチン	126, 133
アシドフィルス菌	31
亜硝酸菌	36, 78
アスパラギン酸	117
アセトンブタノール菌	33
アニーリング	163
アフラトキシン	19, 155
アポ酵素	67
アミノアシルtRNA	169
アミノ酸	79, 115
アミラーゼ	10, 87, 88, 118, 125
アルコール発酵	23, 91
α-アミラーゼ	118, 120
アロステリック効果	83
1遺伝子1酵素説	7
遺伝暗号	8, 160
遺伝子組換え	8

遺伝子組換え技術	159, 170, 179
遺伝子組換え食品	180
イネ馬鹿苗病菌	17
ウイスキー	101
ウイルス	41
ウイルス性食中毒	146, 148
ウェルシュ菌	33, 148
ウメズカビ	19
栄養菌糸	15
エネルギー源	30, 45
塩蔵	140
エントナー・ドードロフ経路	75
黄色ブドウ球菌	31, 150
黄変米	20
オートクレーブ	51
岡崎フラグメント	163
オペロン説	8
オリゴ糖	120

〔か行〕

害虫抵抗性作物	179
解糖系	6, 73
火炎滅菌	51
化学合成従属栄養	46
化学合成従属栄養細菌	30
化学合成生物	45
化学合成独立栄養	46
化学合成独立栄養細菌	30
隔壁	15, 16
仮根	16
カダベリン	126, 133
かつお節	111
加熱殺菌	134
カビ	14, 154
下面酵母	22
桿菌	27
感染型食中毒	146
乾熱滅菌	51

カンディダ属	24
甘味料	120
危害分析と重要管理点	143
偽菌糸	24
黄コウジカビ	19, 86
基質特異性	67
希釈法	56
北里柴三郎	5
気中菌糸	15
キノコ	25
貴腐	21, 99
ギベレラ属	17
逆性石けん	54
球菌	27
極毛	28
菌界	13
菌根菌	26
菌糸	14, 16
菌糸体	14
菌褶	25
クエン酸	115
組換え技術利用食品	179
組換えDNA	170
クモノスカビ属	16
クラドスポリウム属	21
クラビセプス属	18
クラミジア門	39
グラム陰性菌	28
グラム染色	28
グラム陽性菌	28
クリーンベンチ	49
グルコアミラーゼ	118
グルコン酸	115
グルタミン酸	35, 116
グルタミン酸ナトリウム	10
クレンアーキオータ門	40
黒コウジカビ	19
黒麹菌	100
クローニング	173
クロラムフェニコール	34

さくいん

クロールテトラサイクリン		34
燻煙		141
形質転換		171
形質導入		172
ケカビ属		15
結合水		64
ゲノム		163
ゲルトネル菌	37, 131,	150
原核生物	13,	26
嫌気呼吸	73,	78
嫌気性菌	30,	60
原生生物界		13
高圧蒸気滅菌		51
高温菌		62
高温短時間殺菌法		129
好気呼吸	73,	78
好気性菌	30, 60,	61
光合成従属栄養		46
光合成従属栄養細菌		30
光合成生物		45
光合成独立栄養細菌		30
光合成独立栄養		46
コウジカビ属		18
麹菌	86, 88, 89,	93
紅色硫黄光合成細菌		38
抗生物質		9
高度好塩菌	41,	63
酵母		21
古細菌	27,	40
コスミドベクター		176
枯草菌	30, 109, 113,	171
5′-イノシン酸	10, 24,	112
5′-キサンチル酸		112
5′-グアニル酸	10,	112
コッホ	4,	31
コドン		168
コレラ菌		37
コロニー	12,	55
コロニー形成法		56

〔さ行〕

細菌性食中毒	146,	148
細菌ろ過器	41,	42
ザウエルクラウト	24,	110

酢酸		114
酢酸エチル		24
酢酸菌	35, 90,	109
サッカロミセス属		23
サルモネラ属菌		150
酸素発生型光合成		73
酸素非発生型光合成		73
産膜酵母	22, 24,	109
シアノバクテリア門		40
紫外線	51,	62
志賀 潔	5,	37
志賀毒素産生性大腸菌		153
色素含有菌		127
色素沈着菌		128
色素排泄菌		127
子実体		25
糸状菌		14
自然発生説		2
シゾサッカロミセス属		22
シトリニン		20
子嚢菌類		16
子嚢胞子		17
ジフテリア菌		34
ジベレリン		17
死滅期		59
ジャガイモ輪腐病菌		35
弱毒ファージ		44
射出胞子酵母		22
ジャーファメンター		49
自由水		64
従属栄養生物		45
周毛		28
重要管理点		144
集落		12
出芽		21
瞬間殺菌法		98
硝酸菌	36,	78
焼酎		100
消毒		50
上面酵母		22
醤油		87
初期腐敗		131
食酢		90
除草剤抵抗性作物		179

真核生物		13
真菌類		14
浸透圧		63
スイゼンジノリ		40
水分活性		64
スターター	103,	106
酢漬		140
ストレプトマイシン		
	9, 34,	119
スパランツァニー		2
スピルリナ		40
スピロヘーテス門		39
スプライシング		168
生育曲線		57
製麹	86, 89,	93
静菌作用		52
制限酵素		173
清酒		92
清酒酵母	23,	92
赤痢菌		37
世代時間		58
接合		171
接合菌類		15
接合胞子		15
セルラーゼ	118,	128
セントラル・ドグマ		160
双球菌		27

〔た行〕

対数増殖期		58
大腸菌	36, 43, 152, 159,	171
脱アミノ反応	79,	126
脱炭酸反応	79,	126
タバコモザイク病		41
短桿菌		27
単球菌		27
担子器		25
担子菌類		25
担子胞子		25
炭疽菌	4,	31
炭素源	30,	45
タンパク質合成		168
チーズ		103
チゴサッカロミセス属		23

チチカビ属	21	乳酸菌飲料	106	フィードバック・	
窒素源	46	乳酸発酵	32	インヒビション	83
チマーゼ	6	ぬかみそ漬	109	フィードバック・	
中温菌	61	ヌクレオチド	113, 161	リプレッション	81
腸炎ビブリオ	38, 151	ネズミチフス菌	37, 150	不完全菌類	18
長桿菌	27	ノロウイルス	153	フザリウム属	21
腸管出血性大腸菌	37, 152			腐生菌	26
超高温殺菌法	129	〔は行〕		ブドウ球菌	27, 31, 150
腸チフス菌	37, 150	肺炎桿菌	37	ブドウ酒	98
チルド貯蔵	139	肺炎球菌	33	プトレシン	126, 133
通性嫌気性菌	30, 60	バイオアッセイ	80	腐敗微生物	124
漬物	109	バイオテクノロジー	159	プライマー	176
ツチアオカビ属	21	培地	47	プラスミド	172
低温菌	61	梅毒菌	39	プラスミドベクター	176
低温殺菌	129	培養酵母	22	ブランデー	102
低温殺菌法	4, 98	麦角	156	ブルガリア菌	31
定常期	59	麦角菌	18, 156	プロテアーゼ	10, 31, 69, 86,
デイノコッカス／サーマス門		白鳥の首型フラスコ	3		87, 88, 119, 126
	39	バクテリオファージ	42, 172	プロテオバクテリア門	35
呈味性ヌクレオチド	24, 112	バクテロイデテス門	39	プロトプラスト	171
デバリオミセス属	24	ハサップ	143	プロファージ	44
転移RNA	164	バージェイ	26	プロモーター	165
電子伝達系	73, 77	パスツール	3	分生子柄	18
転写	160	バター	106	分生胞子	16
糖蔵	140	八連球菌	27	β-アミラーゼ	118, 120
同定	27	発現ベクター	178	β-カロテン	17
トーマの計数盤	55	パラチフスA菌	150	平板画線培養	55
毒性ファージ	43	パラチフス菌	37	ベクター	172
毒素型食中毒	146	馬鈴薯菌	109	ペトロフーハウザーの計数盤	
独立栄養生物	45	パン	107, 129		56
トリメチルアミン	132	パン酵母	23, 107	ベニコウジカビ属	17
		ピクルス	110	ペニシリン	9, 20
〔な行〕		ヒスタミン	126, 133	ペプチダーゼ	126
内生胞子	29	微生物遺伝学	7	ヘマトメーター	55
納豆	108	ビタミン	47, 51, 67	ヘミセルラーゼ	119, 128
納豆菌	31, 108	ヒト型結核菌	35	ベロ毒素産生性大腸菌	37, 153
二重らせん構造	7, 162	ピヒア属	24	偏性嫌気性菌	60
2段階生育	81	皮膚ブドウ球菌	31	ペントースリン酸回路	73
二分裂	26	氷温貯蔵	139	鞭毛	28
二命名法	14	病原性大腸菌	37, 152	ホイッタカー	13
乳酸	115	ビール	96	胞子嚢胞子	15
乳酸桿菌	32	ビール酵母	23, 96	放射線	52, 62, 138
乳酸球菌	32	ファージ	42	補酵素	67
乳酸菌	32, 103, 109	ファーミキューテス門	30	ボツリヌス菌	33, 66

ボトリティス属	21	もろみ造り	88, 94	リポキシゲナーゼ	127
ポリソーム	170	〔や行〕		リボソーム RNA	13, 27, 164
ポリヌクレオチド	161			リボソーム	164
ポリメラーゼ連鎖反応法	176	薬剤殺菌	138	緑膿菌	38
ホロ酵素	67	野生酵母	22	淋菌	36
翻訳	160	山中伸弥	42	リンネ	12
〔ま行〕		有機酸	114, 125	ルシフェラーゼ	57
		誘導期	58	霊菌	37
マイコトキシン	154	有胞子酵母	21, 22	冷殺菌	138
味噌	85	ユーリアーキオータ門	40	冷蔵	139
ミカエリス定数	69	溶原菌	44	冷凍	139
無機塩類	46	ヨーグルト	106	レーウェンフック	2
無菌操作	12	〔ら行〕		レトルト食品	66, 135
無細胞抽出液	6			連鎖球菌	27, 32
無胞子酵母	22, 24	癩菌	35	レンニン	15
メタン生成菌	40, 78	酪酸菌	33, 109	ろ過性病原体	41
メタン発酵	40	らせん菌	27	ろ過減菌法	51
滅菌	50	ラムダファージ	173	ロドトルラ属	24
メッセンジャー RNA	164	ラムダファージベクター	176		
メンブレンフィルター	51, 52	卵胞子	15	〔わ〕	
木材腐朽菌	26	リシン	117	ワイン	98
もと造り	93	リゾチーム	9, 130	ワイン酵母	99
モネラ界	13	リパーゼ	10, 120, 127	ワクスマン	9, 34

学名（属，種）さくいん

Acetobacter aceti	35, 91, 114	*lus*	19	*B. amyloliquefaciens* H	175
A. gluconicum	114	*A. itaconicus*	19, 114	*B. anthracis*	4, 31
Acetobacteraceae	35	*A. katsuobushi*	111	*B. apiarius*	136
Achromobacter	129	*A. kawachii*	100	*B. breus*	136
Acidithiobacillus	38	*A. luchuensis*	100	*B. cereus*	30, 135, 136, 139, 147, 149
Actinomyces	33	*A. niger*	19, 65, 114, 115, 118, 119, 120, 129, 136, 137		
Aerobacter aerogenes	120				
Aeromonas	130, 131	*A. ochraceus*	157	*B. coagulans*	136
A. hydrophila	135	*A. oryzae*	10, 19, 86, 87, 95, 118, 119, 120, 156	*B. licheniformis*	118, 136
Alcaligenes	130			*B. megaterium*	136
Aphanothece sacrum	40	*A. parasiticus*	136	*B. natto*	31, 109
Aspergillus	18, 115, 119, 155	*A. saitoi*	100	*B. sp. ATCC 27380*	137
A. chevalieri	136	*A. sojae*	19, 88, 89	*B. stearothermophilus*	118, 136
A. flavus	19, 114, 136, 137, 155	*A. terreus*	114	*B. subtilis*	30, 65, 109, 113, 118, 119, 135, 137, 171
A. fumigatus	19	*A. versicolor*	157		
A. glaucus	19, 111	*Aureobasidium*	64	*B. thuringiensis*	179
A. glaucus var. *tanophi-*		*Bacillus*	29, 30, 60, 61, 119, 121, 122, 129, 130, 131, 136	*Bacterioides*	39

Bifidobacterium 33
  B. longum subsp. *Infantis* 33
  B. longum subsp. *longum* 33
Botrytis cinerea 21, 99
Brevibacterium ammoniagenes 113, 114
  B. flavum 114, 116
  B. lactofermentum 116
  B. linens 104
Byssochlamys fulva 136
Campylobacter 38
  C. coli 147, 149
  C. jejuni 38, 135, 147, 149
Candida 24, 87, 89
  C. albicans 24
  C. cylindracea 120
  C. lipolytica 24, 114, 120
  C. nivalis 137
  C. pulcherrima 128
  C. tropicalis 24
  C. utilis 24, 113, 137
  C. versatilis 24
Chlamydia trachomatis 39
Chromatium 38
Cladosporium 21
Claviceps purpurea 18, 156
Clostridium 29, 33, 60, 130, 131, 136
  C. acetobutylicum 33
  C. aureofaetideum 136
  C. botulinum 33, 135, 139, 142, 147, 149
  C. butyricum 33, 136
  C. perfringens 33, 147, 149
  C. sporogenes 136, 137
  C. thermoaceticum 136
  C. thermosaccharolyticum 136
  C. tyrobutyricum 136
Coricium rolfsi 119
Corynebacterium 34
  C. diphtheriae 34

C. glutamicum 35, 116, 117
C. sepedonicum 35
Cryptococcus 121
Debaryomyces 24
Deinococcus 39
Desulfovibrio 38
Enterobacter aerogenes 130
Enterococcus 32
  E. faecium 104
Eremothecium ashbyii 128
Escherichia coli 36, 65, 130, 135, 137, 147, 149, 152, 159
  E. coli O157 : H7 37, 152
  E. coli RY13 175
Flavobacterium 129
Fusarium 21, 157
  F. nivale 157
  F. oxysporum 21
Geotrichum candidum 21, 136
Gibberella fujikuroi 17
Gluconobacter 115
  G. suboxydans 91
  G. oxydans 35
Haemophilus influenzae Rd 175
Halobacterium 41, 63
Halococcus 63
Helicobacter 38
  H. pylori 38
Humicola fiscoatra 136
Klebsiella pneumoniae 37
Lactobacillus 31, 32, 129
  L. acidophilus 31, 106
  L. brevis 114
  L. casei 31
  L. delbrueckii 114, 115
  L. delbrueckii subsp. *bulgaricus* 31, 104, 105, 106
  L. helveticus 104
  L. heterohiochii 95
  L. homohiochii 95
  L. lactis 31, 104
  L. plantarum 109, 110

L. viridescens 135
Lactococcus 32, 129
  L. cremoris 104, 105, 106
  L. lactis 104, 105, 106
Leuconostoc 32
  L. citrovorum 106
  L. cremoris 104
  L. mesenteroides 109, 110
Listeria monocytogenes 135, 139
Methanobacterium 40
Microbacterium ammoniaphilum 116
Micrococcus 129
  M. cryophilus 135
  M. lactis 135
  M. saprophyticus 135
Monascus 17
  M. anka 17
  M. purpureus 17
Mucor 15
  M. miehei 119
  M. mucedo 15
  M. plumbeus 65
  M. pusillus 15, 103, 119
  M. rouxii 16
Mycobacterium 35
  M. leprae 35
  M. tuberculosis 35
Neisseria 36
  N. gonorrhoeae 36
  N. meningitidis 36
Neurospora 7, 17, 129
  N. crassa 17
  N. sitophila 17
Nitrobacter 36, 78
Nitrosomonas 36, 78
Pediococcus 32
Penicillium 19, 115, 129
  P. camemberti 20, 104, 105
  P. caseicolum 104
  P. chrysogenum 20, 65
  P. citrinum 10, 20, 113, 157
  P. glaucum 19

さくいん

P. islandicum 20, 157
P. roquefortii 20, 104, 105
P. rubens 9, 20
P. ruglosum 157
P. thomii 136
P. toxicarium 157
P. vermiculatum 136
P. viridicatum 157
Pichia 24, 110
　P. anomala 24, 109, 137
　P. membranaefaciens 109, 137
　P. pastoris 24
Prevotella 39
Propionibacterium 34
　P. shermanii 104
Protaminobacter rubrum 120
Proteus 131
　P. morganii 126
Pseudomonas 38, 60, 61, 75, 78, 115, 120, 128, 129, 130, 131
　P. aeruginosa 38, 65, 127
　P. amyloderamosa 120
　P. fluorescens 130, 135
　P. fragi 135
　P. syncyanea 127
Pyrodictim 40
Rhizobium 35
　R. leguminosarum 35
　R. radiobacter 35, 179
Rhizopus 16, 119, 129
　R. delemar 118, 120
　R. javanicus 16
　R. nigricans 16, 65, 114
　R. oligosporus 16
Rhodobacter 35
　R. sphaeroides 35
　R. capsulatus 35
Rhodopseudomonas 36
Rhodospirillum 36

Rhodotorula 24, 128
R. glutinis 24
R. rubra 137
Saccharomyces 23, 110
　S. bayanus 23, 99
　S. bailli 137
　S. carlsbergensis 23
　S. cerevisiae 23, 65, 95, 98, 101, 107, 113, 137
　S. chevalieri 137
　S. diastatics 101
　S. ellipsoideus 23
　S. fragilis 23
　S. lactis 23
　S. pastorianus 23, 98, 137
Salmonella 147, 149
　S. enterica serovar Enteritidis 131, 135, 150
　S. enterica serovar Paratyphi A 149, 150
　S. enterica serovar Paratyphi 37
　S. enterica serovar Typhi 37, 149, 150
　S. enterica serovar Typhimurium 37, 135, 137, 150
Schizosaccharomyce 21, 22
　S. pombe 23
Serratia marcescens 37, 128, 135
Shigella 149
　S. dysenteriae 37
Spirillum 36
Spirochaeta 39
Spirulina platensis 40
Staphylococcus 31, 149
　S. aureus 31, 65, 135, 147, 150
　S. epidermidis 31, 135

Streptococcus 32, 129
S. diacetilactis 104
S. mutans 32
S. pneumoniae 32, 171
S. pyogenes 135
S. thermophilus 32, 104, 105, 106
Streptomyces 34, 122
　S. albus G 175
　S. aureofaciens 34
　S. aureus 113
　S. avermitilis 9
　S. griseus 9, 34, 119
　S. tsukubaensis 10
　S. venezuelae 34
Streptoverticillium 119
Sulfolobus 40
Tetragenococcus 32
　T. halophilus 63, 87, 89
Thermoproteus 40
Thermus 39, 61
Torulopsis 109, 110
Treponema pallidum 39
Trichoderma 21
　T. viride 118
Vibrio 37, 61, 63, 129
　V. cholerae 37, 135, 149
　V. cholerae non-01 147, 149
　V. parahaemolyticus 38, 147, 149, 151
Xanthomonas holcicola 175
　X. malvacearum 175
Xeromyces bisporus 136
Yersinia enterocolitica 135, 139, 147, 149
Zygosaccharomyces 23
　Z. rouxii 24, 63, 65, 87, 89, 109, 137
Zymomonas 75

【執筆者】（執筆順）

高見　伸治（第1章, 2章）　元広島大学理学部教授　理学博士
（2014年逝去）

山本　勇（第1章, 2章）　神戸女子大学名誉教授　薬学博士

西瀬　弘（第3章）　元甲子園大学栄養学部教授　農学博士

大塚　暢幸（第4章）　松山東雲短期大学食物栄養学科教授　農学修士

長澤　治子（第5章）　神戸女子大学家政学部教授　農学博士

土居　幸雄（第6章）　龍谷大学農学部教授　Ph.D.

改訂 食品微生物学

1999年（平成11年）4月20日　初版発行～第16刷
2016年（平成28年）3月1日　改訂版発行
2021年（令和3年）12月15日　改訂版第5刷発行

著　者　高見伸治ほか

発行者　筑紫和男

発行所　株式会社 建帛社 KENPAKUSHA

112-0011　東京都文京区千石4丁目2番15号
TEL (03)3944-2611
FAX (03)3946-4377
https://www.kenpakusha.co.jp/

ISBN978-4-7679-0565-5 C3077　　　亜細亜印刷／愛千製本所
©高見ら, 1999, 2016　　　　　　　　Printed in Japan
（定価はカバーに表示してあります）

本書の複製権・翻訳権・上映権・公衆送信権等は株式会社建帛社が保有します。

JCOPY〈出版者著作権管理機構 委託出版物〉

本書の無断複製は著作権法上での例外を除き禁じられています。複製される場合は、そのつど事前に、出版者著作権管理機構（TEL03-5244-5088, FAX03-5244-5089, e-mail：info@jcopy.or.jp）の許諾を得て下さい。